DEUTSCHE TRAKTOREN

1920 – 1970

Von Allgaier bis Zettelmeyer

Udo Paulitz

HEEL

Impressum

HEEL Verlag GmbH
Gut Pottscheidt
53639 Königswinter
Telefon 0 22 23 / 92 30-0
Telefax 0 22 23 / 92 30 26
E-Mail: info@heel-verlag.de
Internet: www.heel-verlag.de

Verantwortlich für den Inhalt: Udo Paulitz

Lektorat. Helmar Winkel
Satz und Gestaltung: Olaf Schumacher ArtWork, Königswinter
Lithographie: Petra Hammermann, ARTCOM Königswinter
Druck: BAWA Print, Tschechien

Printed and bound in Czech Republic

ISBN: 3-89880-005-9

UDO PAULITZ

DEUTSCHE TRAKTOREN

1920 – 1970

VON ALLGAIER BIS ZETTELMEYER

HEEL

LANZ
BULLDOG
LIP
LZ 252

INHALT

Ein hervorragend restaurierter Lanz-D-3506-Allzweck-Bulldog aus dem Jahre 1952 soll am Anfang dieses Bildbandes stehen. Dieses Modell, dessen große, schmale luftbereifte Antriebsräder ins Auge fallen, besaß einen nach dem Zweitaktverfahren arbeitenden thermosyphongekühlten Einzylinder-Glühkopfmotor mit 4764 ccm Hubraum, welcher 20 PS bei 760 U/min erzeugen konnte. Die Spurweite der Vorder- und Hinterräder dieses mit einer großen Bodenfreiheit konstruierten Bulldogs war verstellbar, sodass Pflegearbeiten in Kulturen mit unterschiedlichen Reihenabständen kein Problem waren. Dieser auf Wunsch mit einem ölhydraulischen Kraftheber ausrüstbare Bauern-Bulldog, dessen Getriebe sechs Vorwärts- und zwei Rückwärtsgänge aufwies, wog leer 1850 kg, konnte eine Höchstgeschwindigkeit von 20 km/h erreichen und wurde zwischen 1949 und 1952 gefertigt.

Allgaier

OBEN/RECHTS

Die seit 1906 bestehende und im württembergischen Uhingen ansässige Allgaier Werkzeugbau GmbH, konnte im Mai 1946 mit dem ersten Prototyp eines eigenständigen Ackerschleppermodells, dem Typ R 18 aufwarten, der ein Jahr später mit nur geringfügigen Veränderungen in Serie ging. Während das „R“ in der Typenbezeichnung auf die besonders robuste Bauart verweisen sollte, gab die Zahl „18“ die Leistung in PS des verwendeten liegenden Einzylinder-Kaelble-Dieselmotors in Verdampfungsbauart an. Bei dem aus eigener Fertigung stammenden Getriebe mit vier Vorwärts- und einem Rückwärtsgang dienten drei

Keilriemen zur Kraftübertragung. Der mittels einer Andrehkurbel anzulassende Schlepper besaß auf der rechten Seite ein schweres Schwungrad mit Riemenscheibe. Aus Kostengründen verzichtete man bei der Herstellung auf eine Motorverkleidung. Ab August 1949 gab es schließlich das verbesserte und leistungsgesteigerte Modell R 22 mit 22 PS, das sowohl an den vergrößerten Hinterrädern als auch durch die leicht verrundete Form des Wasserkastens vom Vormodell zu unterscheiden war. Der mit 1840 ccm Hubraum ausgestattete 22-PS-Motor erreichte seine Leistung bei 1500 U/min und als größtmögliche Geschwindigkeit waren im 4. Gang 19,8 km/h zu erzielen. Die Firma Allgaier nahm zu jener Zeit bei einer monatlichen Produktion von 250 Einheiten einen ehrenvollen vierten Platz in den Verkaufszahlen unter den damaligen Mitbewerbern des Bundesgebietes ein. Die bewusst einfach gehaltenen und soliden Konstruktionsmerkmale begründeten den guten Ruf des Unternehmens bei den Landwirten auch außerhalb Württembergs. Die beiden Aufnahmen zeigen Allgaier-Kaelble-R-22-Bauernschlepper aus dem Jahre 1949.

UNTEN

Ebenfalls unter der Typenbezeichnung R 22 wurde von Allgaier seit dem Sommer 1950 ein mit verkleideter Motorhaube äußerlich modernisierter Ackerschlepper angeboten, dessen Bezeichnung bereits kurze Zeit später in A 22 geändert wurde. Dieses neue Modell, bei dem das „A" für Allgaier stand und die Zahl 22 die PS-Leistung angab, war nun wahlweise mit einem elektrischen Anlasser erhältlich. Die übrigen technischen Merkmale blieben gegenüber dem Vormodell unverändert. Dieser sehr robuste und zuverlässige Bauernschlepper besaß eine große Zugkraft, eignete sich für nahezu alle vorkommenden leichteren Feld- und Waldarbeiten und war zu diesem Zweck mit den unterschiedlichsten Anbau- und Anhängegeräten ausrüstbar. Er erreichte mit der größeren 9-24-Hinterradbereifung eine Höchstgeschwindigkeit von 20 km/h und brachte 1525 kg Eigengewicht auf die Waage. Bei 6,5 % Steigung konnten dem A 22 immerhin noch 15 t Last zugemutet werden. Vom Typ A 22 wurden etwa 5000 Einheiten produziert, welche zu einem Preis von DM 6980,- erhältlich waren. Hier ein A 22 mit angebautem Mähbalken aus dem Jahre 1952.

1958 gebautes Ex
pers AS 122 zu se
gleichfalls von M
Gebläseluftkühlu
der-Dieselaggrega
905 ccm Hubraun

B

DIESE SEITE
Ein für Frankreich bestimmtes Exportmodell des 28-PS-Stahlschleppers Typ F 2 M 315 von 1938 in Straßenausführung ist auf diesen beiden Bildern zu sehen. Gut zu erkennen sind auf der Abbildung oben die zwischen Pendelachse und Motorblock angebrachten Querblattfedern, die der Abstützung des letzteren dienten. Dieses seltene Fahrzeug gehört einem Sammler aus dem Münsterland.

OBEN

Das zwischen 1935 und 1953 produzierte 50-PS-Stahlschleppermodell F 3 M 317 rüstete man mit einem wassergekühlten Vorkammer-Dreizylinder-Viertakt-Dieselmotor mit 5768 ccm Rauminhalt aus. Es zählte zu den stärksten zu jener Zeit in Deutschland erhältlichen Traktoren. Der Typ war stärksten Belastungen und hartem Dauerbetrieb sowohl vor schweren Geräten bei der Feldarbeit, als auch als Straßen- und Universalschlepper für Transportaufgaben z.B. bei Speditions- und Fuhrunternehmen oder im Einsatz in der Industrie gewachsen. Auch bei Schaustellern und Zirkusunternehmen war dieser nahezu unverwüstliche Schlepper sehr verbreitet und beliebt. In der ehemaligen DDR konnte der Autor selbst noch Mitte der 80er Jahre einige Exemplare, z.B. bei Kohlenhändlern, im täglichen Einsatz antreffen. Der F 3 M 317 besaß ein Fünfganggetriebe für Geschwindigkeiten bis zu 28 km/h. Die Verkehrsausführung brachte 3970 kg auf die Waage; die Ackerausführung hingegen 220 kg weniger. Mit insgesamt 8646 verkauften Einheiten erfreute sich dieses Modell großer Beliebtheit. Der abgebildete luftbereifte Universalschlepper mit Doppelsitzbank stammt aus der Nachkriegsära und verließ 1946 die Werkhallen der vom Kriege nur wenig in Mitleidenschaft gezogenen KHD-Werke in Ulm, wo diese Traktoren damals zeitweise hergestellt wurden.

UNTEN

Zwischen 1941 und 1953 wurde das ebenfalls sehr erfolgreiche Deutz-Zweizylindermodell F 2 M 417 gefertigt, das über 3845 ccm Hubraum sowie 35 PS bei 1350 U/min verfügte. Es war der Nachfolgetyp des weniger erfolgreichen F 2 M 317, dessen Fertigung 1940 beendet worden war. In diesen Typ wurde, ebenso wie in die übrigen Stahlschlepper, ein von Deutz entwickeltes Fünfganggetriebe für Geschwindigkeiten zwischen 3,7 und 20 km/h eingebaut. Als Kupplung wurde für den 2550 kg wiegenden Schlepper ein Fabrikat von Fichtel & Sachs verwendet. Dieser toprestaurierte, wuchtig anzusehende Schlepper stammt aus dem Jahre 1942.

OBEN/LINKS

Dieser mit Zweischarpflug und Mähbalken bestückte Bauernschlepper F 1 M 414/46 entstammt der Nachkriegsfertigung und wurde am 1.7.1949 amtlich zugelassen. Er besitzt anstelle des bis 1942 verwendeten Dreiganggetriebes eines mit vier Gängen. Auch ein Fußgashebel wurde zu dieser Zeit eingeführt. Die geringe Höchstgeschwindigkeit von nur 7,7 km/h ließ es zu, auf eine Fußbremse zu ver-

zichten, sodass lediglich eine auf das Getriebe wirkende Handbremse vorhanden war. Die letzten ab 1950 gefertigten Exemplare dieses Typs leisteten mittlerweile 12 PS.

RECHTS OBEN/MITTE/UNTEN
Ein weiterer, 1938 gebauter und unlängst restaurierter Bauernschlepper, wird auf diesen Bildern vorgestellt. Werksseitig wurde der Elfer-Deutz nur mit zwei Petroleum-Sturmlaternen ausgeliefert; die elektrische Beleuchtung war jedoch gegen Aufpreis als Sonderzubehör erhältlich. Dieser einfach konstruierte unverwüstliche Traktor war als zuverlässiger Helfer und Universalgerät speziell für die Besitzer von landwirtschaftlichen Betrieben geringer Größe unverzichtbar und wurde damit zweifelsohne zum erfolgreichsten Schlepper seiner Epoche.

OBEN

Ebenfalls im Jahre 1950 entstand als völlige Neukonstruktion für mittelgroße bäuerliche Betriebe das luftgekühlte zweizylindrige KHD-Modell Deutz F 2 L 514/50, dessen Viertakt-Dieseltriebwerk bei einem Hubraum von 2660 ccm 28 PS bei 1550 U/min erzeugen konnte. Den anfangs mit einem ZF-Getriebe mit fünf Vorwärtsgängen und Fichtel & Sachs-Kupplung ausgerüsteten Schlepper gab es sowohl in einer Normal- als auch in einer Hochradausführung. Der Geschwindigkeitsbereich des 1850 kg schweren Traktors erstreckte sich von 3,1 bis 20 km/h. Ab 1951 wurde diesem zu seiner Zeit sehr bedeutenden Ackerschlepper durch Drehzahlerhöhung zwei PS Mehrleistung gegönnt. Vom F 2 L 514 wurde bis zum Jahre 1962 - in unterschiedlichen Ausführungen mit bis zu 34 PS Leistung - insgesamt 21508 Einheiten gefertigt. Es gab etwa eine sechsgängige Version mit Kriechgang, die sich auch für Pflanz- und Pflegearbeiten eignete. Abgebildet ist ein Zweizylinder-Deutz-Traktor in der ersten Ausführung des Jahres 1950 mit der serienmäßigen Hinterradbereifung.

UNTEN

Bereits 1951 präsentierten die KHD-Werke das Deutz-Modell F 3 L 514/51 als nächstschwereren Traktor in der Angebotspalette. Dieses leistungsfähige Modell entstand unter Verwendung des Stahlgetriebes aus dem Typ F 2 M 417 und war für schwere Zapfwellengeräte, wie z.B. gezogene Mähdrescher besonders geeignet. Während die erste Serie nur über 40 PS verfügte, stieg die Motorleistung des gleichfalls luftgekühlten dreizylindrigen 3990-ccm-Viertakt-Dieseltriebwerks schon bald auf 42 PS an, die bei einer Drehzahl von 1450 U/min erreicht wurden. Später wurde die Leistung des Dreizylindermotors auf bis zu 52 PS gesteigert; letztere Version, das war das Modell F 3 L 514/7 mit sieben Vorwärts- und zwei Rückwärtsgängen, blieb von 1958 bis 1964 in der Produktion. Von diesem sehr zugstarken Schlepper mit universeller Verwendbarkeit wurden während seiner 14-jährigen Bauzeit 15762 Exemplare verkauft. Hier ein gut restauriertes Fahrzeug in der Ausführung NSK als Schnell-Läufer mit Getriebezapfwelle und mit geschlossenem Fritzmeyer-Wetterdach in der letztgenannten Version aus dem Jahre 1958.

OBEN/RECHTS

Das leistungsmäßig stärkste Spitzenmodell in der neuen, zu Beginn der 50er Jahre mit luftgekühlten Dieselmotoren ausgerüsteten KHD-Schlepperserie war der zwischen 1952 und 1957 gebaute Deutz F 4 L 514/4. In diesem Fahrzeug wurde ein vierzylindriger Viertakt-Dieselmotor mit 5322 ccm Rauminhalt verwendet, der seine Leistung von 60 PS bei 1650 U/min zur Verfügung stellte. Dieser überaus zugstarke und robuste, in Halbrahmenbauweise (der Traktor besaß eine nichttragende Blechölwanne) und mit einem langen Radstand konstruierte Universalschlepper brachte 3050 kg Eigengewicht auf die Waage. Es war der zu seiner Zeit leistungsfähigste auf dem Markt befindliche Ackerschlepper in Deutschland. Er war somit insbesondere für große landwirtschaftliche Betriebe geeignet und stellte seine Kraft bei der Bearbeitung großer Flächen, schwerer Böden und beim stationären Antrieb unter Beweis. Seine große Zugkraft erlaubte auch den Einsatz mit vier- bis sechsfurchigen Schar- und Scheibenpflügen und anderen gewichtigen Bodenbearbeitungsgeräten. Das Siebenganggetriebe (zwei Gänge waren als spezielle Langsamgänge ausgelegt), ermöglichte ein Höchstgeschwindigkeit von 28 km/h. Während das obere Bild einen schweren vierzylindrigen Deutz-Schlepper aus dem ersten Produktionsjahr - 1952 - zeigt, sieht man unten die in den Jahren 1957 bis 1965 gebaute, auf 65 PS Motorleistung angehobene Version F 4 L 514/7 (das abgebildete Fahrzeug wurde 1961 gebaut), die mit einem festen Wetterverdeck ausgerüstet ist.

EICHER

OBEN/RECHTS OBEN

Der Schlepperbau der in Forstern bei München ansässigen Gebrüder Eicher Traktoren - u. Landmaschinenwerke GmbH ging auf das Jahr 1936 zurück. Das Erstlingswerk war ein Dieseltraktor, den man mit einem wassergekühlten 20-PS-Deutz-Aggregat motorisiert hatte und der mit einem derart positiven Erfolg einschlug, dass dessen 22 PS starkes Nachfolgemodell als Einheitsschlepper im damaligen Schell-Programm berücksichtigt wurde. Da die Tätigkeit des Werkes während des Krieges hauptsächlich in der Fertigung luftgekühlter Flugzeugmotoren bestand, konnte Eicher bis 1948 einen einfachen, unempfindlichen und preiswerten Schleppermotor dieser Kühlungsart zur Serienreife entwickeln. Mit diesem 16 PS leistenden einzylindrigem Viertakt-Dieselmotor, der eine Drehzahl von 1500 U/min auswies, wurde im gleichen Jahr der Eicher-Schlepper ED 16/I ausgerüstet. Gleichzeitig war dies der erste Ackerschlepper der Welt, in den ein luftgekühltes Antriebsaggregat installiert wurde. Die Frischluft wurde bei diesem 1425-ccm-Triebwerk mittels Radiallüfter angesaugt, und der Motor arbeitete nach dem Direkteinspritzverfahren, was einen wirtschaftlichen Betrieb bei sehr niedrigem Kraftstoffverbrauch sicherstellte. Das eingebaute ZF-A-12-Getriebe verfügte über vier Vorwärts- und einen Rückwärtsgang, und der speziell für Kleinbetriebe konzipierte Schlepper wies ein Eigengewicht von 1450 kg auf. Das obere Bild zeigt ein sauber restauriertes Exemplar von 1949. 1950 erschien das verbesserte Nachfolgemodell ED 16/II, das sich von seinem Vorgänger vor allem durch das neue Hurth-G-76-Fünfganggetriebe unterschied, womit auch eine Steigerung der Endgeschwindigkeit auf 20 km/h verbunden war. Der ED 16/II blieb bis 1953 in Produktion. Das Fahrzeug oben rechts istmit einem Rasspe-Mähwerk und einem Fritzmeyer-Verdeck von 1951 ausgerüstet.

RECHTS UNTEN

Zwischen 1950 und 1954 gab es das Eicher-Modell ED 25/II, welches in Ermangelung eines eigenen leistungsstärkeren Motors mit dem wassergekühlten F 2 M 414-Aggregat von Deutz bestückt werden musste. Dieses sehr robuste zweizylindrige Triebwerk verfügte über eine Leistung von 25 PS bei 2198 ccm Hubraum und 1500 U/min und konnte den 1810 kg schweren Schlepper mit einer Endgeschwindigkeit von 19,5 km/h fortbewegen. Es war ein mit einem Vierganggetriebe ausgerüsteter Traktor, der über eine gefederte Vorderachse und 9.00-24-Hinterradbereifung verfügte. Der hier abgebildete Schlepper wurde 1952 gebaut.

RECHTS/UNTEN

Ein außerordentlich leistungsfähiger und besonders für mittelgroße landwirtschaftliche Betriebe geeigneter Traktor war das von 1950 bis 1954 gefertigte Eicher-Modell L 28, welches über das luftgekühlte Zweizylinder-Deutz-Triebwerk F 2 L 514 mit 2660 ccm Hubraum und 28 PS bei 1550 U/min verfügte. Oben ist ein solcher, 1951 gebauter Schlepper des Typs L 28 I a zu sehen, der ein für die Maximalgeschwindigkeit von 21,6 km/h ausgelegtes Siebenganggetriebe von Renk besaß. Der mit serienmäßiger 10-28-Hinterradbereifung ausgerüstete Schlepper hatte ein Eigengewicht von 1800 kg. Unten hingegen ist das bis 1957 gefertigte, mit einer identischen Antriebseinheit versehene Modell L 28 abgebildet, dessen Leistung zunächst mit 28, später mit 30 PS angegeben wurde. Auf Wunsch war der 1870 kg wiegende Schlepper sowohl mit der 11-28 als auch der 9-42-Hinterradbereifung zu bekommen. Letztere Variante war eine Allzweckausführung mit schmalen, hohen Rädern. Als Getriebe wurde das ZF-Fabrikat A 15 mit fünf Vorwärtsgängen verwendet und als Höchstgeschwindigkeit waren 20,9 km/h möglich. Der abgebildete Traktor wurde 1954 produziert.

RECHTS UNTEN

1953 erschien der Typ EKL 11/II als kleinster Schlepper des Eicher-Typenprogramms auf dem Markt. Dieses mit 950 kg leichtgewichtige Modell wurde durch das luftgekühlte einzylindrige F 1 L 612-Triebwerk von Deutz motorisiert, welches 11 PS bei 2100 U/min aus 763 ccm Hubvolumen herausholte. Vorn besaß der mit einem Fünfganggetriebe bestückte Schlepper eine gefederte Pendelachse, während der Hinterachsantrieb in Portalbauweise gehalten war. Im 5. Gang erreichte dieser für den landwirtschaftlichen Kleinbetrieb vorgesehene, sehr wirtschaftliche Traktor eine Höchstgeschwindigkeit von 19 km/h. Bis zum Produktionsende im Jahre 1957 wurden 2188 Maschinen abgeliefert. Hier ist ein Fahrzeug von 1955 zu sehen.

OBEN

Als letzte Ausführung des mit einem luftgekühlten Eicher-Einzylindermotor ausgerüsteten kleinen Schleppers gab es ab 1956 das Modell ED 13/I mit einem direkteinspritzenden 1298 ccm-Antriebsaggregat, das zunächst 13, ab 1958 14 PS bei 1500 U/min erzeugte. Dieser 1110 kg wiegende Kleinschlepper verfügte über ein Sechsganggetriebe von ZF für Geschwindigkeiten zwischen 1,75 und 18,5 km/h. Er war für alle in kleinerer bäuerlichen Betrieben anfallenden Arbeiten geeignet und kam auf größeren Anwesen vor allem als Zusatzmaschine zum Einsatz. Bis zum Jahre 1960 verließen 6380 Traktoren dieses Modells die Fabrikationsanlagen in Forstern. Der doppelbereifte, mit Verdeck und Mähwerk ausgerüstete Traktor des Typs ED 13/I b auf diesem Foto ist von 1957.

RECHTS

Ebenfalls zur Kategorie der Kleinschlepper zählte das seit 1953 am Markt befindliche Modell EKL 15/II von Eicher, das sich bis zum Jahre 1958 in der Produktion befand. Dieser Traktortyp war das erste Eicher-Modell, das mit einer neuen klappbaren Motorhaube erhältlich war. In diesen 1210 kg wiegenden Schlepper wurde ein fünfgängiges Hurth-G-85-Getriebe eingebaut. Für den mit einem luftgekühlten Eicher-Einzylindermotor mit 1425 ccm Hubraum bestückten Traktor, dessen Leistung anfangs mit 15, schon bald aber mit 16 PS bei 1500 U/min angegeben wurde, standen mehrere Hinterreifengrößen zur Wahl. Er konnte mit Geschwindigkeiten zwischen 1,1 und 20 km/h bewegt werden. Dieser restaurierte Traktor mit niedriger 9-24-Bereifung ist von 1957.

LINKS

1953 wurde die Motorleistung des im Eicher-Modell ED 16/II installierten luftgekühlten Einzylinder-Triebwerks von 16 auf 19 PS gesteigert. Diese Leistung fiel bei dem 1425-ccm-Motor bei 1500 U/min an. Bis 1957 wurde der mit dem fünfgängigen Hurth-G-76-Getriebe versehene ED 16/II mit unterschiedlichen Vorderachsen, Motorhauben und Radständen geliefert. Gleichfalls konnten von den Käufern verschiedene Hinterreifengrößen für den bis zu 19,3 km/h schnellen Traktor ausgewählt werden. Hier ist ein 1955 gebautes Fahrzeug zu sehen.

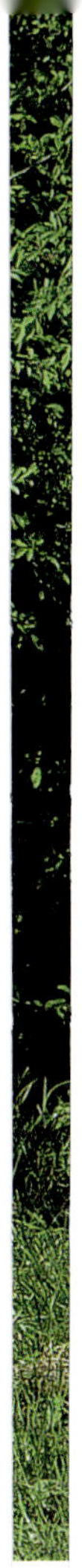

RECHTS
Aufgrund der Kriegsnachwirkungen konnte der Traktorenbau bei Fahr erst im Jahre 1948 fortgeführt werden. Nur in einer kleinen Serie von 295 Stück wurde der Dieselschlepper des Typs D 28 bis zum Jahr 1949 gefertigt. In dieses Modell wurde ein Zweizylinder-Viertakt-Dieselmotor des Fabrikats Güldner 2 F mit 2598 ccm Hubraum und 28 PS Leistung montiert. Das Getriebe von Fahr verfügte über fünf Vorwärts- und einen Rückwärtsgang und ermöglichte 20 km/h Höchstgeschwindigkeit. Dieser für seine Zeit technisch und formal sehr fortschrittlich gestaltete Traktor war mit hydraulischem Kraftheber, Mähwerk, Zapfwelle, Riemenantrieb und auf Wunsch auch mit einer Seil- und Spillwinde für den Einsatz in der Forstwirtschaft ausgerüstet. Dieses restaurierte Fahrzeug ist von 1949.

OBEN
Einen Zweizylinder-Deutz-Dieselmotor des Typs F 2 L 712 mit Luftkühlung besaß das zwischen 1954 und 1958 produzierte Eicher-Modell L 22/II, dessen Hurth-G-85-Getriebe mit sechs Vorwärtsgängen und einem Rückwärtsgang ausgerüstet war. Mit 1200 kg besaß der 22 PS starke Schlepper ein nur geringes Eigengewicht, dass ihn auch zum Einsatz als Pflegeschlepper befähigte. 1700 ccm Hubraum und 2100 U/min waren die weiteren Leistungsmerkmale des Triebwerks. Mit der 8-32-Hinterradbereifung waren Geschwindigkeiten zwischen 1,59 und 20 km/h möglich. Hier ein restauriertes Modell L 22/II a von 1955.

RECHTS
Seit 1956 gab es den Eicher-Schlepper ED 26, der mit dem luftgekühlten Zweizylinder-Viertakt-Eicher-ED-2-e-Dieselmotor mit 2596 ccm Hubvolumen und 26 PS Motorleistung bestückt war. Das ZF-A-15-D-Getriebe verfügte neben fünf Vorwärtsgängen, über einen Rückwärtsgang sowie einen Kriechgang für 1,67 km/h Geschwindigkeit. Dieser robuste Allzweckschlepper der Mittelklasse war 1810 kg schwer. Ein ölhydraulischer Kraftheber mit Dreipunktaufhängig stand als Sonderausstattung zur Verfügung. Insgesamt wurden 1235 Einheiten bis zum Jahre 1960 gebaut; dieser ED 26 ist von 1957.

FAH

OBEN/RECHTS OBEN

Die Ursprünge der Masc
in Gottmadingen/Baden
1870 zurück. In diesem J
Georg Fahr eine mechan
der die spätere gleichnan
temaschinenfabrik hervo
Hälfte der 30er Jahre reif
sich auch dem Traktoren
Zusammenarbeit mit eine
Fahr übergewechselten S
teur entstand 1938 der e

OBEN

Ebenfalls 1948 brachte Fahr mit dem Modell D 15 einen mit einem Fünfganggetriebe ausgestatteten Kleinschlepper heraus, der von dem wassergekühlten, nach dem Viertaktprinzip arbeitenden Güldner-2-DN-Zweizylinder-Dieselaggregat mit 1300 ccm Hubraum und 15 PS angetrieben wurde. Damit waren Fahrgeschwindigkeiten zwischen 2,9 und 19,6 km/h zu erreichen. Der Wendekreis dieses 1150 kg wiegenden kleinen Traktors betrug nur 4,50 m. Für diesen mit großer Bodenfreiheit ausgestatteten Schlepper war ein Programm mit entsprechenden Zusatzgeräten erhältlich. Hier wird ein 1950 gebautes Exemplar gezeigt.

LINKS UNTEN

Auch im erstmals 1952 lieferbaren D-12-N-Kleinschlepper von Fahr arbeitete ein wassergekühlter Güldner-Dieselmotor. Dies war der einzylindrige Typ 1 DA mit 815 ccm Hubraum und 12 PS Leistung bei 2000 U/min. Das Eigengewicht betrug 1100 kg, der Wendekreis nur 4,30 m. Es stand ein Fünfganggetriebe mit Geschwindigkeiten zwischen 2,8 und 18,5 km/h zur Verfügung. Durch die Wespentaillenbauart konnten Geräte zwischen den Achsen angebaut werden. Dieser Schlepper wurde 1954 gebaut.

RECHTS

Das seit 1951 lieferbare Fahr-Traktormodell D 22 PH war vorn mit einer Pendel-, hinten mit einer Portalachse ausgestattet. Das „H" in der Typenbezeichnung wies auf eine zusätzliche hochgekröpfte Hinterachse für den Einsatz des Schleppers bei Kulturarbeiten hin. Er verfügte über den in Zweizylinderbauweise ausgeführten wassergekühlten Güldner-Viertakt-Dieselmotor des Typs 2 DA mit 1630 ccm Hubraum, der seine Leistung von 22 PS bei 1800 U/min abgab. Das Fünfganggetriebe der Zahnradfabrik Passau ließ den Schlepper Geschwindigkeiten zwischen 2,9 und 19,6 km/h entwickeln. Der mit 10-28-Hinterradbereifung ausgerüstete Traktor wog 1350 kg. Auch an diesen Schlepper konnte ein hydraulischer Kraftheber mit oder ohne Dreipunktaufhängung angebaut werden. Hier ein Exemplar von 1953 mit Mähwerk.

LINKS

Nicht nur Güldner-Motoren, sondern auch Deutz-Triebwerke wurden in die Fahr-Traktoren der 50er Jahre eingebaut. So auch beim erstmals 1950 lieferbaren Modell D 25 H, das sich besonders für mittlere Betriebsgrößen eignete, über 1880 kg Eigengewicht verfügte und den wassergekühlten, in Zweizylinder-Blockbauweise konstruierten F 2 M 414-Motor von Deutz mit 2199 ccm Hubraum eingebaut hatte. Bei einer Drehzahl von 1500 U/min erzeugte dieser Motor 25 PS. Das Fünfganggetriebe war mit einem zusätzlichen Kriechgang erhältlich, mit dem als kleinste Fahrgeschwindigkeit 1,66 km/h möglich waren. Die größtmögliche Geschwindigkeit im 5. Gang betrug hingegen 19,7 km/h. Dieser aufwändig restaurierte Traktor wurde am 1.7.1953 erstmals für den Straßenverkehr zugelassen.

UNTEN
Ein Schlepper für kleine und mittlere Betriebe war der in der herkömmlichen Blockbauweise konstruierte Fahr D 17 N. Er war mit dem wassergekühlten Zweizylinder-Viertakt-Dieselmotor mit 1296 ccm Hubraum des Typs 2 DN von den Aschaffenburger Güldner-Werken bestückt. Der 1230 kg wiegende Traktor erzeugte eine Leistung von 17 PS bei 1800 U/min und das Fünfganggetriebe war für Fahrgeschwindigkeiten zwischen 3,11 und 20 km/h ausgelegt. Die Hochradausführung dieses Schleppers bezeichnete man als D 17 NH. Diese Version war infolge ihrer großen Bodenfreiheit von 66 cm besonders gut für Hackfrucht- und Kulturarbeiten zu verwenden. Abgebildet ist ein mit der serienmäßigen 8-24-Hinterradbereifung und Verdeck ausgerüsteter D 17 N von 1953.

LINKS OBEN

Der seit 1954 in Serie gefertigte leichte Fahr-Traktor D 90 H wurde von dem luftgekühlten Einzylinder-Viertakt-Dieselmotor des Modells AKD 112 E des Fabrikats MWM (Motorenwerke Mannheim AG) angetrieben. Dieser vor allem für kleinbäuerliche Betriebe gedachte, 1130 kg wiegende Dieselschlepper verfügte über 905 ccm Hubraum, aus denen 12 PS bei 2000 U/min erzeugt werden konnten. Wahlweise waren sowohl ein Kriechgang als auch eine gangabhängige Zapfwelle erhältlich. Mit den als Antriebsmotoren für Fahr-Schlepper verwendeten Aggregaten der Hersteller Deutz, Güldner, MWM und Daimler-Benz konnte der Kunde aus einem sehr reichhaltigen Angebot wählen. Hier ein D 90 H von 1955.

RECHTS OBEN

Seit 1955 gab es das mit einem luftgekühltem Güldner-2-LD-Zweizylinder-Viertakt-Diesel ausgerüstete Modell D 130 von Fahr, dessen in Blockbauweise konstruiertes Triebwerk mit 1305 ccm Hubraum 17 PS bei 2000 U/min leistete. Für den D 130 stand ein Getriebe mit fünf Vorwärts- und einem Rückwärtsgang (1,5 bis 18,9 km/h) zur Verfügung. Darüber hinaus bereicherte die Version „H", eine Hochradausführung mit 8-32-Bereifung und 48 cm Bodenfreiheit, das Verkaufsprogramm. Auch bei diesen Modellen waren achtstufige Spurverstellungen der Vorder- und Hinterräder vorgesehen. Als Sonderzubehör waren Kraftheber, Dreipunkt-Aufhängung, Mähwerk, Riemenantrieb mit Schnellverschlussplatte, Seil- und Spillwinde sowie ein Leichtverdeck erhältlich. Hier ist ein 1956 gebauter Traktor des Typs D 130 zu sehen, der ein Eigengewicht von 1190 kg besaß.

RECHTS UNTEN

1955 wurde das Fahr-Traktorenprogramm auch um einen schweren 32-PS-Schlepper mit der Bezeichnung D 270 erweitert. In dieses neue Modell montierte Fahr den luftgekühlten Zweizylinder-Viertakt-Dieselmotor des Typs F 2 L 514 von Deutz mit 2660 ccm Rauminhalt. Das Fahrzeug mobilisierte die oben genannte Leistung bei 1650 U/min. Auch in diesem Fall gab es eine Hochradversion, die als D 270 H bezeichnet wurde und mit 11-38 bzw. 13-30-Bereifung - die Normalausführung besaß 11-28-Reifen - bestückt war.

Der leistungsfähige, mit 1940 kg Eigengewicht recht schwere D 270 war aufgrund seiner Kraftreserven auch für Mähdrescher- und Feldhäckslerbetrieb einsetzbar. Abgebildet ist ein 1956 gebauter D 270.

LINKS OBEN

Ein besonders starker und robuster Ackerschlepper selbst für schwierige Einsatzbedingungen in der Land- und Forstwirtschaft war das Fahr-Modell D 400, das den seit 1951 lieferbaren Typ D 45 L ablöste. In das stärkere, 2820 kg wiegende Modell D 400 A wurde das luftgekühlte dreizylindrige Deutz-Viertakt-Dieseltriebwerk F 3 L 514 mit 3990 ccm Hubraum eingebaut, das 50 PS bei 1800 U/min zur Verfügung stellen konnte. Diese Leistung wurde nur noch durch das 60-PS-Fahr-Modell D 540 übertroffen. Im D 400 A war ein Fünfganggetriebe mit einem zusätzlichen Kriechgang installiert, welches die Geschwindigkeitsbereiche zwischen 2,2 und 19,9 km/h (in der Ackerversion) abdeckte. Anders übersetzt und abgestuft war die überwiegend für den Straßenverkehr vorgesehene Ausführung, mit der man eine Höchstgeschwindigkeit von 27,2 km/h erreichen konnte. Auf diesem Bild ist ein 1957 gebautes Fahrzeug mit Verdeck zu sehen.

MITTE RECHTS

Ein Schlepper der mittleren Leistungsklasse war der mit dem luftgekühlten Zweizylinder-Viertakt-Dieselmotor des Modells AKD 112 Z der Motorenwerke Mannheim AG (MWM) ausgerüstete Typ D 180 H von Fahr, der über 1810 ccm Hubraum verfügte und 24 PS bei 2000 U/min abgeben konnte. Der 1425 kg schwere Traktor verfügte über ein Fünfganggetriebe, das mit einem wahlweise erhältlichen Kriechgang für 1,8 km/h ausgerüstet werden konnte. Auch dieser Schlepper konnte mit der werksseitig erhältlichen reichhaltigen Zusatzausrüstung bestückt werden. Dieses in den Niederlanden fotografierte Fahrzeug entstand 1955.

LINKS UNTEN

Der bereits 1958 neu auf den Markt gekommene Fahr-Schlepper D 177 war das leistungsstärkste Modell in der ab Mai 1959 lieferbaren „Europa-Reihe". In diesen Traktor wurde das wassergekühlte Vierzylinder-Viertakt-Dieseltriebwerk des Typs OM 636 von Daimler-Benz eingebaut, das sich bereits im Unimog bewährt hatte. Dieses wies einen Rauminhalt von 1767 ccm auf und leistete 34 PS bei 3000 U/min. In den modernen Schlepper wurde das A-208-Getriebe der Zahnradfabrik Passau mit acht Vorwärtsgängen in drei Schaltgruppen (einschließlich Kriechgang) und vier Rückwärtsgängen montiert. Das ab 1960 erhältliche Modell D 177 S besaß eine Schnellüberset-

zung und erreichte damit bis zu 28,3 km/h. Der in langgestreckter Bauweise mit einer tiefen Schwerpunktlage ausgeführte Traktor besaß sowohl Differentialsperre als auch Motor- und Getriebezapfwelle. Serienmäßig war das 1650 kg wiegende Fahrzeug mit hydraulischem Kraftheber, Dreipunktanbau und der bereits beschriebenen Rad-Druck-Verstärkungsanlage ausgerüstet. Die Geräte konnten entweder hinten, oder auch zwischen den Achsen angebaut werden. Der D 177 S war ein würdiger Abschluss der Fahr-Schlepperfertigung, die im Jahre 1964 infolge der Übernahme durch den Kölner KHD-Konzern eingestellt werden musste. Hier ein Fahrzeug von 1962.

OBEN

Aus der seit 1956 intensivierten Zusammenarbeit zwischen der Maschinenfabrik Fahr und den in Aschaffenburg ansässigen Güldner-Motoren-Werken gingen 1956 die Kleinschlepper D 66 mit 11 PS und D 88 mit 13, ab 1959 mit 15 PS Leistung hervor. Beide Traktoren waren in der aktuellen wespentaillenartigen Tragschlepperbauweise gestaltet. Während der D 66 über ein luftgekühltes Einzylindertriebwerk verfügte, gelangte in dem stärkeren D 88 der Zweizylinder-Viertakt-Dieselmotor des Typs 2 LKN von Güldner zum Einbau, dem ein Hubraum von 885 ccm zur Verfügung stand und der die angegebene Leistung bei zunächst 2300, ab 1959 bei 2590 U/min erzeugte. In dem nur 865 kg schweren D 88 wirkte ein Fünfganggetriebe mit einem zusätzlichen Kriechgang für 1,5 km/h Mindestgeschwindigkeit. Auch in diesen kleinen Dieselschlepper konnte gegen Aufpreis die von Fahr verwendete Rad-Druck-Verstärkungsanlage installiert werden, deren Hydraulik eine Steigerung des Hinterachsdrucks von bis zu 30 % ermöglichte. Dieses Bild zeigt einen vorzüglich restaurierten Traktor aus dem Jahre 1958.

LINKS

Nach 1945 wurde von Fendt anfänglich die Fertigung des bereits in der Vorkriegszeit entwickelten Modells mit eckiger Motorhaube fortgeführt, schon 1946 erschien der noch mit seitlichen Schwungscheiben ausgerüstete, mit einer runden Haube formal aktualisierte Typ F 18, den es schon bald in stärkeren Ausführungen geben sollte. Für landwirtschaftliche Mittelbetriebe gab es ab 1950 das Fendt-Dieselross-Modell F 25 P, das über den stehenden Zweizylinder-Viertakt-Dieselmotor des MWM-Typs KD 415 Z mit Wasserumlaufkühlung verfügte. Das Hubvolumen des Triebwerks betrug 2356 ccm, aus dem eine Leistung von 28 PS bei 1500 U/min zu erzielen war. Das fünfgängige Blockgetriebe mit Differentialsperre konnte den 1600 kg wiegenden Schlepper in der Übersetzung mit Schnellgang auf 23 km/h beschleunigen. Auf Wunsch konnte auch zusätzlich ein Kriechgang eingebaut werden. Der mit einer reichhaltigen Zusatzausrüstung lieferbare Universalschlepper wurde bis zu dessen Fertigungseinstellung im Jahre 1959 in 6909 Exemplaren gebaut. Dieser mit einem Allwetterverdeck ausgerüstete Traktor ist von 1951.

UNTEN RECHTS

Um für den großen vorhanden Markt der bäuerlichen Kleinbetriebe einen preiswerten Ackerschlepper im Angebot zu haben, entwickelte Fendt einen Kleinschlepper mit 12 PS Motorleistung, den es in einer wasser- und auch luftgekühlten Ausführung - beide Einzylinder-Triebwerke stammten von MWM - gab. Gebaut wurden beide Varianten bis zum Jahr 1958 in der durchaus beachtlichen Stückzahl von nahezu 16000 Einheiten. Hier ist ein 1955 ausgelieferter luftgekühlter Fendt-Dieselross-F-12-HL-Schlepper abgebildet, dessen Motor über 905 ccm Hubraum verfügte und die angegebene Leistung bei 2000 U/min ermöglichte. Das Sechsganggetriebe mit Differentialsperre übertrug die vom Motor entwickelten Kräfte auf die Hinterräder und ermöglichte Geschwindigkeiten zwischen 0,9 (im Kriechgang) und 20 km/h. Im Leerzustand wog der mit 7-30-Bereifung versehene kleine Schlepper 1150 kg. Aufgrund der leichten Bedienbarkeit und guten Wendigkeit sprach die Firmenwerbung besonders die Bäuerin als zusätzliche Zielgruppe an.

RECHTE SEITE OBEN

Hier ist die wassergekühlte Version des 12 PS starken Fendt-Dieselross-Kleinschleppers des Modells F 12 GH in einer 1955 gebauten Ausführung zu sehen. Dieser Traktor wurde seit 1953 in Serie produziert. Der mit 850 ccm Hubraum kleine Einzylindermotor von MWM war mit einem Wasser-Umlaufkühlsystem ausgerüstet.

LINKS
Das mit dem wassergekühlten Einzylinder-MWM-Motor KD 415 E mit 1153 ccm Hubraum bestückte Fendt-Dieselross-Modell F 15 erbrachte 15 PS Leistung bei 1600 U/min, und bis seine Produktion im Jahre 1957 eingestellt wurde, verließen 14260 Einheiten die Werkhallen in Marktoberdorf. Gegenüber der bereits 1949 erschienenen Version des F 15 Bauernschleppers war diese im folgenden Jahr erhältliche Ausführung mit einer verstärkten Vorderachse und staubdicht gelagerten Vorderradnaben ausgeführt. Neben dem Modell F 15 G mit hinterer 8-24-Normalbereifung gab es auch die mit 8-32-Reifen ausgestattete Hochradausführung F-15-GH. Ein sehr umfangreiches Zubehörangebot war für diesen mit einem Vierganggetriebe ausgerüsteten Schlepper erhältlich. Hier ein F 15 G mit Mähbalken aus dem Jahre 1953.

RECHTS

Das zwischen 1956 und 1959 gefertigte Modell Dieselross F 17 von Fendt gab es wiederum sowohl in der luftgekühlten L-Ausführung, als auch in einer wassergekühlten Variante, welche den Zusatz „W“ erhielt. In beiden Fällen wurden MWM-Motoren verwendet. Die hier abgebildete wassergekühlte Version aus dem Jahr 1958 besaß einen Zweizylinder-Viertakt-Dieselmotor mit 1250 ccm Rauminhalt, welcher 17 PS bei 1980 U/min erbrachte. Das Sechsganggetriebe übertrug die Kraft des Motors auf die Hinterräder und ermöglichte Geschwindigkeiten zwischen 0,9 und 20 km/h. Der 1280 kg schwere Schlepper wurde als robust, leistungsstark, sparsam und vielseitig verwendbar angepriesen, Eigenschaften die ihm trotz der mittlerweile rückläufigen Tendenz in den Zulassungszahlen infolge Marktsättigung zu zufriedenstellenden Verkaufszahlen verhalfen. Wie nicht anders zu erwarten, verkaufte sich die luftgekühlte F-17-L-Version besser.

LINKS

Auch für das leistungsstärkere und bereits seit 1954 lieferbare Modell Fendt-Dieselross F 24 standen bei den Zweizylinder-Viertakt-MWM-Dieselmotoren beide Versionen für den Käufer zur Wahl. Zu Beginn der 50er Jahre waren luftgekühlte Schlepper sehr gefragt; daher nahmen viele Schlepperhersteller diese Antriebsart als zusätzliche Alternative in ihre Verkaufsprogramme auf. 1810 ccm Hubraum besaß die luftgekühlte Ausführung; Leistung und Drehzahl waren bei beiden Versionen mit 24 PS bei 2000 U/min identisch. Ein Sechsganggetriebe mit Differentialsperre und Antrieb auf die Hinterräder sowie eine ölgekapselte Schneckenlenkung gehörten zu den weiteren Ausstattungsmerkmalen dieses erfolgreichen mittelschweren Traktormodells, das mit einer sehr reichhaltigen Palette auf Wunsch erhältlichen Zubehörs und vielen Anbaugeräten aufwarten konnte. Dieses reichte von der Hydraulik-Krafthebeanlage über Klappgreifer, Mähwerk, Frontlader bis hin zu Dreipunktgestänge und Normschwingrahmen. Abgebildet ist ein tadellos restauriertes Fahrzeug mit Luftkühlung aus dem Jahre 1957.

RECHTS

Zu Beginn der 50er Jahre präsentierte Fendt eine Schlepperbaureihe, deren Leistungsbreite von 12 bis 40 PS reichte. Mit diesen fortschrittlichen Modellen konnten nahezu alle Arbeitsbereiche in der Land- und Forstwirtschaft abgedeckt werden. Hierzu gehörte auch das Fendt-Dieselross-Modell F 20 G, ein Schlepper der mittleren Größenordnung, der mit einem stehenden, wasserumlaufgekühlten Einzylinder-MWM-Viertakt-Dieselmotor mit 1480 ccm Hubraum und 20 PS Leistung bei 1600 U/min bestückt war. Als Getriebe standen Ausführungen mit vier oder sechs Gängen zur Wahl, wobei die letztere Version eine größtmögliche Geschwindigkeit von 25 km/h ermöglichte. Dieser mit einem Frontkraftheber ausgerüstete 1355 kg wiegende Schlepper ist von 1954.

LINKS

Über ein stehend angeordnetes wassergekühltes Zweizylinder-Viertakt-Dieseltriebwerk mit 2356 ccm Hubraum von MWM verfügte der ab 1952 lieferbare Typ Fendt-Dieselross F 28 P, der bis 1959 gefertigt wurde. Dieses kraftvolle 28-PS-Fahrzeug war auch größeren Anforderungen in landwirtschaftlichen Mittel- und Großbetrieben, wie z.B. als Zug- und Antriebsfahrzeug für einen Mähdrescher, gewachsen. Gleichwohl gehörte zum umfangreichen Zubehör eine Seilwinde, die dem Traktor auch in der Forstwirtschaft vielfältige Einsatzmöglichkeiten eröffnete. Das Fünfgang-Blockgetriebe besaß auf Wunsch einen zusätzlichen Kriechgang, der in der Normal-Übersetzung eine kleinste Geschwindigkeit von 0,80 km/h ermöglichte. Die gefederte, pendelnd aufgehängte Vorderachse gewährleistete eine gute Beweglichkeit im Gelände. Ebenfalls auf Wunsch war die Hackfruchtausführung F 28 H mit hohen Hinterrädern und großer Bodenfreiheit erhältlich. Hier ein 1958 gebauter Universal-Schlepper des Modells F 28 P mit 10-28-Bereifung.

OBEN

Dieses Fendt-Dieselross F-12-HL-6-Kleinschlepper-Modell mit der aktualisiert abgerundeten Motorhaube stammt aus der Baureihe der späten 50er Jahre. Das 1957 hergestellt, vorbildlich restaurierte Fahrzeug verfügt über den einzylindrigen luftgekühlten MWM-Viertakt-Dieselmotor mit 12 PS und 905 ccm Hubraum. Ein mit Differentialsperre ausgerüstetes Getriebe mit sechs Vorwärts- und zwei Rückwärtsgängen war in diesem Schlepper montiert. Bis 1958 konnten insgesamt 7196 Einheiten dieses kleinsten Fendt-Schleppers verkauft werden.

UNTEN

Mit seinem stehenden Dreizylinder-Viertakt-Dieselmotor mit Wasserumlaufkühlung von MWM, 3534 ccm Hubraum und 40 PS Leistung bei 1500 U/min war das im Mai 1951 erstmals vorgestellte Modell Fendt-Dieselross F 40 U ein sehr leistungsfähiger Traktor für alle Bereiche der Land- und Forstwirtschaft. Er verkörperte damit den stärksten Schlepper im Fendt-Typenprogramm der 50er Jahre und wurde bis zu dessen Produktionseinstellung im Jahre 1958 in lediglich 1030 Exemplaren hergestellt. Dies war auch ein Zeichen dafür, dass der Bedarf für derartige Großschlepper zu jener Zeit allein schon aus Gründen der hohen Anschaffungs- und Unterhaltungskosten noch nicht sehr ausgeprägt war. An Getriebevarianten standen für das 2170 kg wiegende Fahrzeug sowohl ein Fünf- als auch ein Sechsganggetriebe, beide von der Zahnradfabrik Passau, mit Differentialsperre zur Verfügung. Auf Wunsch waren auch Kriech- und/oder Schnellgang, letzterer bis 28 km/h Höchstgeschwindigkeit, erhältlich. Infolge seiner hohen Zugleistung galt der F 40 U als idealer Schlepper für den gewerblichen Einsatz, vor allem für landwirtschaftliche Großbetriebe. Dieses in Belgien fotografierte Exemplar hat 1958 die Werkhallen verlassen.

RECHTS

Die neuen Fendt-Typen der seit 1958 erhältlichen Modelle waren schon äußerlich an den in die Motorhaube integrierten Scheinwerfern zu erkennen. Im Zuge dieses Modellwechsels verschwand der nicht mehr ganz zeitgemäße Name „Dieselross" aus den Typenbezeichnungen der Fendt-Traktoren und wurde durch die neuen Namen „Fix, Farmer und Favorit" ersetzt. Der erste Traktor dieser neuen Typenreihe war der Klein- und Bauernschlepper Fix 1, der noch mit den seitlich an der Kühlerfront angebrachten herkömmlichen halbrunden Scheinwerfern gestaltet war. Dieses Modell gab es sowohl in einer luftgekühlten 14-PS-Einspritz-Variante als auch mit Wasser-Umlaufkühlung und 15 PS. Beide Motoren arbeiteten nach dem Viertakt-Gleichdruck-Vorkammer-Verbrennungsverfahren, hatten einen Zylinder und 1040 ccm Hubraum. Ein aus dem Fendt-Geräteträger stammendes Getriebe mit Differentialsperre und maximal 12 Gängen, das auf Wunsch mit drei zusätzlichen, besonders langsame Superkriechgängen und einem Rückwärts-Kriechgang ausgerüstet werden konnte, war in den Fix 1 eingebaut. Der 1250 kg schwere Leichttraktor wurde bis 1960 produziert. Hier ein luftgekühltes 14-PS-Exemplar aus dem Jahre 1959.

LINKS

Das Fendt-Modell Fix 2 L war ein moderner Schlepper in der damals häufig verlangten 20-PS-Leistungsklasse, der die optisch ansprechende, schnittige Motorhaube mit eingebauten Scheinwerfern erhalten hatte. Der luftgekühlte Zweizylinder-Viertakt-Dieselmotor mit 1400 ccm Hubraum leistete 20 PS bei 2000 U/min. Das bereits vom Fix 1 her bekannte, baugleiche Getriebe konnte mit maximal 12 Gängen bestückt werden. Der 1365 kg wiegende Traktor besaß serienmäßig eine 8-28-Bereifung; auf Wunsch waren aber auch andere Größen lieferbar. Das neue Hydro-Drucksystem von Fendt ermöglichte eine zusätzliche Belastung der Hinterachse bei Anbaugeräten. Außerdem war der Fix 2 mit der als zusätzlicher Ausrüstung erhältlichen und bewährten Fendt-Dreipunkt-Regelhydraulik ausgestattet, die zusätzliche Vorteile bei der Handhabung der Anbaugeräte bot. Dieser 1963 gebaute Traktor besitzt ein Allwetterverdeck mit Fronteinstieg.

GÜLDNER

OBEN

Hugo Güldner, der zu den Pionieren des Verbrennungsmotors in Deutschland zählte, gründete 1904 die Güldner-Motoren-Gesellschaft und 1938 begann das in Aschaffenburg ansässige Unternehmen mit dem Bau von Traktoren. Mit dem Modell A 20 stellte man einen in Blockbauweise hergestellten wassergekühlten Schlepper einzylindriger Bauart mit 20 PS Motorleistung vor, der für 4450 Reichsmark angeboten wurde. Zur Serienausstattung gehörte eine Zapfwelle. Eine Riemenscheibe und das Mähwerk hingegen waren nur als Sonderausstattung gegen Aufpreis erhältlich. Regulär war der A 20, der in 1528 Einheiten gebaut wurde, mit 8-20-Hinterradbereifung lieferbar. Das abgebildete, 1940 gebaute Fahrzeug mit doppelten Hinterrädern gehört offenbar zu den letzten ausgelieferten Exemplaren dieses Modells.

UNTEN

1949 kam der in rahmenloser Blockbauweise gefertigte völlige neuentwickelte Kleinschlepper des Modells A 15 als erste Güldner-Neukonstruktion nach dem Kriege heraus. Er war mit dem Zweizylinder-Viertakt-Dieselmotor D 215 (später umbenannt in 2 D 15) mit Wasserkühlung bestückt, der aus 1300 ccm Hubraum 16 PS bei 1800 U/min herausholte. Es standen zwei Getriebeausführungen mit vier oder fünf Gängen zur Wahl. Mit der fünfgängigen Ausstattung lautete die neue Typenbezeichnung ab 1951 AF 15. Es konnten Geschwindigkeiten von 1,50 (bei gedrosseltem Motor) bis 19,8 km/h erreicht werden. Auch die Spurweite war dreifach verstellbar. Das Modell AF 15, das ein Eigengewicht von 1280 kg besaß, wurde bis 1954 gebaut. Der hier abgebildete Schlepper ist von 1951.

OBEN

Ebenfalls mit der charakteristischen haifischmaulartigen Kühlermaske von Güldner ausgestattet und in grüner Lackierung gehalten war dieser 1953 gebaute Schlepper des Modells ADN, in welchen das wassergekühlte Zweizylinder-Viertakt-Dieseltriebwerk des Typs 2 DN mit 1300 ccm Hubraum von Güldner eingebaut war, das 16 Pferdestärken bei 1800 U/min mobilisieren konnte. In seiner Kurzbauweise als Tragschlepper besaß dieses Modell eine mit 455 mm beachtliche Bodenfreiheit, wodurch sich das Fahrzeug auch zur Anbringung von Anbaugeräten sehr gut eignete. Der Kleinschlepper ADN mit 1075 kg Eigengewicht und seinem Fünfganggetriebe wurde bis 1958 gefertigt.

OBEN/RECHTS

1956 kam es zu einer engen Zusammenarbeit zwischen den Firmen Güldner und Fahr, aus der die bekannte Europa-Schlepper-Reihe hervorging. Dabei wurde die Schlepperfertigung untereinander derart aufgeteilt, dass Güldner nur noch die Modelle bis 20 PS im eigenen Werk herstellte, die stärkeren Typen hingegen von Fahr bezog. Unterschiedlich aber waren weiterhin Typenbezeichnungen und Gestaltung der Motorhauben der Traktoren beider Hersteller. So war z.B. der Güldner-Schlepper A 2 KN, der spätere Typ Spessart, baugleich mit dem Fahr-Modell D 88 E. Der ab 1959 lieferbare Güldner-Traktor A 2 KN war aus dem 13-PS-Modell AK durch Anhebung der Motorleistung des luftgekühlten Zweizylinder-Viertakt-Dieselmotors 2 LKN auf 15 PS bei 2475 U/min und 886 ccm Hubraum entstanden. Dieser kleine Tragschlepper verfügte über ein Eigengewicht von 890 kg, war mit einem Sechsganggetriebe von ZF Passau mit sechs Vorwärts- und zwei Rückwärtsgängen ausgerüstet und blieb als Modell „Spessart" bis 1965 in Produktion. Zusätzlich standen auf Kundenwunsch drei Kriechgänge vorwärts und einer für Rückwärtsfahrt zur Verfügung. Ein derartiges 1959 gebautes Exemplar ist oben zu sehen. Seit 1956 hingegen gab es bereits das in der Wespentaillenbauart konstruierte Tragschleppermodell AX bzw. A 1 X mit nur 800 kg Eigengewicht. Dieses Modell wurde auch als „Sprinter" bezeichnet. Als Motor fungierte ein luftgekühltes Einzylinder-Viertakt-Dieseltriebwerk des Baumusters LX in stehender Bauart von Güldner, das 636 ccm Hubraum besaß und 11 PS bei 2500 U/min erzeugen konnte. Das Getriebe, das Geschwindigkeiten bis zu 19,4 km/h zuließ und ebenfalls über Differentialsperre verfügte, war mit dem des A 2 KN identisch, denn auch hier wurde die sechsgängige Ausführung von ZF Passau mit den entsprechenden zusätzlich lieferbaren Kriechgängen verwendet. Dieses Modell wurde in grüner und blauer Lackierung geliefert. Hier ein tadellos restaurierter Schlepper aus dem Jahre 1959.

U/min. Der Schlepper hatte das A-216-Getriebe von ZF erhalten, brachte 2680 kg auf die Waage und war der erste von Güldner gebaute Schlepper mit Allradantrieb. Oben ist ein 1963 gebautes Modell mit Wetterverdeck und Frontlader zu sehen. 1963 wurde aus dem Modell Gotland unter Steigerung der Motorleistung auf 50 PS der Typ G 50, den es sowohl in der normalen Hinterradantriebsvariante, als auch mit Allradantrieb gab. Unten ist ein schön restaurierter G 50 zu sehen. Für die zwar etwas teurere, dafür aber sehr zuverlässig arbeitende G-50-Baureihe gab es umfangreiche Zusatzausrüstungen, die für den Besitzer wohl kaum einen Wunsch offen ließen. Nicht nur als Ackerschlepper, sondern auch in der Forstwirtschaft hatten diese Traktoren ihre festen Einsatzbereiche. Das Jahr 1969 führte infolge einer abnehmenden Nachfrage nach Schleppern und aufgrund der immer stärker vordringenden ausländischen Konkurrenz dazu, dass Güldner sich genötigt sah, die Traktorenherstellung zu beenden.

UNTEN/RECHTS

Zwischen 1959 und 1960 gab es die mit einem Eigengewicht von 1460 kg mittelschwere sehr gelungene Güldner-Schlepper-Konstruktion des Typs A 2 B, die über das wassergekühlte Güldner-2-BS-Triebwerk mit 1840 ccm Hubraum und 25 PS Leistung bei 1800 U/min verfügte. der Traktor besaß verstellbare Spurweiten und eine große Bodenfreiheit. Das ZP-A-8/6-Getriebe mit sechs Vorwärtsgängen für Geschwindigkeiten zwischen 1,95 und 20 km/h wurde montiert. Ein solches, 1959 gebautes Modell ist in der oberen Abbildung zu sehen. Diesem nicht zur Europa-Reihe gehörenden Modell war es vor allem zu verdanken, dass nach der von Fahr aufgekündigten Zusammenarbeit die Traktorenherstellung mit neuen eigenen Modellen bei Güldner weiterlaufen konnte. Unten hingegen ein Güldner A 3 K aus dem Jahre 1962, der ab 1960 im Rahmen der Europa-Reihe zusätzlich die Verkaufsbezeichnung „Burgund" erhalten hatte und mit dem Fahr-Modell D 133 N bis auf die Gestaltung der Motorhaube im Wesentlichen baugleich war. In den nur 1350 kg wiegenden A 3 K wurde das luftgekühlte Dreizylinder-Viertakt-Dieseltriebwerk des Typs 3 LKN von Güldner mit 1500 ccm Rauminhalt und 25 PS Leistung bei 2600 U/min eingebaut. Nach Erscheinen der neuen Güldner-Traktoren gehörte das Haifischmaul als gestalterisches Element der Vergangenheit an, denn man hatte der zwischen 15 und 34 PS angesiedelten Schlepperbaureihe zeitgemäßere ansprechend glatte Motorverkleidungen mit senkrecht ausgerichtetem ovalen Kühlergrill verpasst. Bereits 1962 kam das Ende der Zusammenarbeit mit Fahr, da Deutz bei Fahr einen Aktienanteil übernommen hatte und der neue Anteilseigner infolge der eigenen Bindung an den Traktorenbau an einer weiteren Zusammenarbeit mit Güldner nicht mehr interessiert war.

OBEN/UNTEN

Zum Jahresende 1962 wurde bei Güldner die äußerlich und innerlich völlig neugestaltete G-Schlepperbaureihe aus der Taufe gehoben. Als wichtigstes äußeres Unterscheidungsmerkmal zu den bisherigen Traktoren trat nun einheitlich die Farbe rot auf den Plan. Des weiteren wurde eine neue zeitlos schöne und sehr markante Motorhaube verwendet. Mit der G-Reihe wurde modernste, ausgereif-

te und sehr robuste und qua
tige Schleppertechnik realis
Traktoren kam eine neue, al
nete luftgekühlte kurzhubig
he nach dem Baukastensyste
bis zum Sechszylinder - zur
Die eingebauten Getriebe w
zogen und verfügten über a
und vier Rückwärtsgänge. A

HANOMAG

DIESE DOPPELSEITE

Der Name der 1835 gegründeten Firma Hanomag bedeutete „Hannoversche Maschinenbau AG" und bereits lange vor der Jahrhundertwende entwickelte sich dort vor allem der Bau von Dampflokomotiven sehr erfolgreich. 1905 stieg das Unternehmen in das Fahrzeuggeschäft ein und baute 1912 den mit einem Benzolmotor angetriebenen schweren WD-Großpflug, der von dem Ingenieur Ernst Wendeler und dem Landwirt Boguslaw Dohrn konstruiert worden war. 1919 bereicherten Raupenschlepper und Radtraktoren das Verkaufsprogramm. Als Antwort auf die geradezu revolutionäre Konstruktion eines in Detroit/USA vorgestellten und dort in Serie gebauten Fordson-Traktors erschien Hanomag 1924 auf der DLG-Ausstellung in Hamburg mit dem WD-Radschlepper R 26 A und stieg damit ebenfalls in das Traktorengeschäft ein. Damit konnte man das in Hannover-Linden ansässige Unternehmen zweifelsohne zu den Pionieren des deutschen Schlepperbaus zählen. Die Konstruktion dieses soliden Schleppers orientierte sich mit seiner rahmenlosen Blockbauweise an seinem amerikanischen Vorbild und war mit einem wassergekühlten 4252-ccm-Reihen-Vierzylinder-Viertakt-Doppelvergaser-Motor mit 26 PS Leistung bei 1100 U/min bestückt, der sowohl für Benzinbetrieb (zum Anlassen)- als auch für Petroleum für den Dauerbetrieb einsetzbar war. Den Hanomag WD gab es für den Ackerbetrieb mit Eisenbereifung; als Straßenzugmaschine war der Traktor mit Vollgummi-(Elastik) Bereifung erhältlich. Das Eigengewicht lag, je nach Ausrüstung, zwischen 1950 und 3500 kg. Drei Vorwärtsgänge zwischen 3 und 8 km/h (in der eisenbereiften Ackerausführung) und ein Rückwärtsgang standen zur Verfügung. Mit der elastikbereiften Variante waren 15 km/h möglich. Der sehr gewichtige, aber überaus robuste und zuverlässige Traktor besaß eine gefederte Vorderachse, eine Bosch-Magnetzündung, Druckumlaufschmierung und Ölpumpe, sowie Umlaufkühlung mit Pumpe. In preislicher Hinsicht lag die WD-Ackerausführung bei 4800 Reichsmark. Der WD von Hanomag wurde bis 1929 gefertigt; dieses liebevoll bis ins kleinste Detail wieder hergerichtete Exemplar mit stollenbereiften Eisenrädern stammt von 1925.

DIESE DOPPELSEITE

Ende der 20er Jahre, zur Zeit der großen Weltwirtschaftskrise, begann man bei Hanomag, einen Dieselmotor nach dem Vorkammerprinzip für Schlepper zu entwickeln. Es war der wassergekühlte, in Reihe gebaute und in Anlehnung an seinen Hubraum als D 52 bezeichnete Vierzylinder-Motor, der sich vor allem durch die von Dipl.-Ingenieur Lazar Schargorodsky zur Serienreife gebrachte Schrägnocken-Einspritzpumpe auszeichnete. Dieses in Blockbauweise gefertigte, seit 1931 in Hanomag-Schlepper eingebaute Triebwerk, verfügte zunächst über 36 PS und war so fortschrittlich, dass es über 20 Jahre lang nichts an seiner Aktualität verlieren sollte. Kontinuierlich konnte in den folgenden Jahren dessen Leistung auf 50 PS gesteigert werden. Besonders für den Einsatz als Verkehrsschlepper im schweren Nahverkehr bei Speditionen, im Kohlen- und Baustoffhandel, sowie im Baugewerbe und bei Schaustellern fand die mit Luft-

reifen bestückte Version SR 45 Verwendung. Der SR 45 verfügte über den genannten Vierzylinder-Viertakt-Dieselmotor mit 5195 ccm Rauminhalt und 45 PS bei 1300 U/min und besaß infolge der Luftbereifung besonders gute Federungseigenschaften. Das verwendete Dreiganggetriebe ließ - je nach Übersetzung - im dritten Gang Geschwindigkeiten bis zu 28,6 km/h zu. Während die Vorderachse als Pendelachse ausgebildet war, wies die Hinterachse, wie bei Traktoren in Blockbauweise üblich, keinerlei Federung auf. Für den Anhängerbetrieb konnte der etwa 3900 kg wiegende Straßenschlepper auf Wunsch auch eine Druckluftanlage erhalten. Ebenso war der in der Normalausführung offene, mit einer Doppelsitzbank ausgestattete Traktor entweder mit Klappverdeck oder mit festem Dach erhältlich. Ein Nebenantrieb für Seilwinde, Zapfwelle oder Riemenscheibenantrieb sowie eine elektrische Anlassanlage (regulär wurde der SR 45 - wie alle anderen mit diesem Dieselaggregat ausgerüsteten Modelle - mittels Andrehkurbel angelassen) konnten gleichfalls nachgerüstet werden. Der 1937 gebaute SR 45 dieser Doppelseite gehört einem Karussellbetrieb und wurde aufwendig restauriert.

HANOMAG
DIESEL
NOM-E 226

LINKS
Der für große bäuerliche Betriebe, für Einsätze im Nahverkehr und für die Forstwirtschaft vorgesehene, seit 1936 erhältliche mittelschwere Diesel-Radschlepper AR bzw. AGR 38 von Hanomag, war mit Eisenrädern, Ackerluftbereifung und in einer Ausführung als Straßenschlepper erhältlich. Er verfügte über das leistungsmäßig gedrosselte wassergekühlte Vierzylinder-Viertakt-Dieseltriebwerk des Typs D 52, das aus 5195 ccm Hubraum 38 PS bei 1100 U/min erzeugen konnte und erfreute sich bald eines ausgezeichneten Rufes. Drei Vorwärtsgänge und ein Rückwärtsgang waren bei der Ausführung AR speziell für die Ackerarbeit ausgelegt und ließen eine Maximalgeschwindigkeit von bis zu 13,7 km/h zu. Motor-, Getriebe- und Hinterachsgehäuse waren zu einem stabilen Block vereint. Die maximale Zugleistung des in der ackerluftbereiften Ausführung 3200 kg wiegenden Schleppers betrug 30 t. Von großem Wert war die verstellbare Spurweite für Vorder- und Hinterräder. Ein typisches Merkmal dieser Hanomag-Schlepper war der querliegende, unmittelbar vor dem Lenkrad angeordnete Kraftstofftank. Auf dieser Abbildung ist ein 1940 gebauter ackerluftbereifter AGR 38 beim Tiefpflügen zu sehen.

UNTEN/RECHTS
Eine neue Designrichtung verkörperte der 1937 in das Hanomag-Verkaufsprogramm aufgenommene Bauernschlepper RL 20, der eine Pkw-ähnliche Gestaltung aufwies und dazu ausersehen war, bei möglichst geringen Kosten vor allem kleinere landwirtschaftliche Betriebe zu motorisieren. Durchaus mit Berechtigung wurden in der Werbung geringe Betriebskosten, hohe Leistung, einfache Bedienung und Wartung als besondere Attribute herausgestellt. Abgeleitet von der ähnlich gestalteten Straßenzugmaschine SS 20, wurde der RL 20 zwar mit Motorverkleidung, aber ohne das Fahrerhaus der Zugmaschine, ausgestattet mit einem offenen Schleppersitz, geliefert. Ein durch Quertraversen verstärkter U-Profilrahmen bildete das Rückgrat des 1615 kg schweren Schleppers, der mit dem wassergekühlten Vierzylinder-Viertakt-Dieselmotor des Modells D 19 mit 1905 ccm Hubvolumen und 20 PS Leistung bei 1950 U/min versehen war. Dieser Motor wurde auch in dem Pkw Hanomag „Rekord“ verwendet. Bei dem Fahrzeug konnte zwischen einem Drei- oder Vierganggetriebe der Zahnradfabrik Friedrichshafen gewählt werden. Während bei der ersteren Ausführung die Höchstgeschwindigkeit auf 13 km/h begrenzt war und der Bauernschlepper daher noch ohne Führerschein gefahren werden durfte, erreichte die Variante mit Vierganggetriebe mit 24 km/h seine größte Geschwindigkeit. Die Vorderachse war als Schwingachse mit untenliegender Querfeder ausgebildet, die Hinterachse hingegen unabgefedert gegen den Rahmen abgestützt. Riemenscheibe, Zapfwelle, Mähwerk, Seilspill, Windschutzscheibe und Dach waren gegen Aufpreis erhältlich. Mit diesem auf einer Kompromisslösung basierenden Fahrzeug konnte Hanomag mit 4320 zwischen 1937 und 1948 gefertigten Einheiten beachtliche Verkaufserfolge verbuchen. Während rechts unten ein mit einfachem Schleppersitz ausgerüsteter RL 20 von 1939 zu sehen ist, zeigt das untere Bild einen mit Windschutzscheibe und Faltverdeck restaurierten Bauernschlepper von 1940, der von der Wolfspitzhündin Lizzy bewacht wird.

DIESE DOPPELSEITE

Im Rahmen des sogenannten Schell-Plans, der auch im Schlepperbau des Deutschen Reiches eine Typenbegrenzung herbeiführen sollte, kamen im Jahr 1940 die Versuchsexemplare der Neukonstruktion eines schweren Verkehrsschleppers von Hanomag auf den Markt, die sich motor- und auch konstruktionstechnisch an den Vormodellen AGR 38 und SR 45 orientierten. Es war das Modell R 40, das universell für Acker und Straße einsetzbar sein sollte. Dieser Radschlepper wurde ebenfalls mit dem nach dem Vorkammerprinzip arbeitenden langhubigen Vierzylinder-Reihen-Viertakt-Dieselmotor D 52 mit Wasserkühlung und 5195 ccm Hubraum und einer Leistung von 40 PS bei 1200 U/min ausgerüstet. Man blieb üblicherweise bei der Blockbauweise, sodass auf einen Rahmen verzichtet werden konnte. Eine völlige Neuentwicklung war das Fünfganggetriebe, das den luftbereiften Schlepper in einem Geschwindigkeitsbereich von 4 bis 21 km/h bewegen konnte. Auch in einer eisenbereiften Version war der R 40 erhältlich. Die Vorderachse war eine solide Pendelachse mit Blattfederung, während die ungefederte Hinterachse mit einer abschaltbaren

Differentialsperre ausgerüstet war. Der mit einer Doppelsitzbank versehene Fahrerstand war mit Windschutzscheibe und einer fest mit Kotflügeln und Seitenteilen verbundenen Spritzwand versehen. Auf Wunsch waren sowohl ein Wetterverdeck als auch ein festes Fahrerhaus erhältlich. Angelassen wurde der R 40 entweder mittels einer elektrischen Glühanlasszündung oder einer Benzin-Anlassvorrichtung. Der Hanomag R 40 wurde bei einer gefertigten Stückzahl von etwa 9000 Exemplaren zu einem der erfolgreichsten Radschlepper, der je gebaut wurde und er gilt noch heute als ein Symbol des klassischen Hanomag-Schleppers. Ohne große Schwierigkeiten ließ er sich auch auf Holzgasantrieb mit Einheitsgenerator umstellen. Die auf der linken Seite und rechts oben gezeigten R-40-Radschlepper sind aus dem Jahre 1945. Der rechts unten abgebildete 1943 gebaute Gasschlepper des Typs R 40 HG besitzt eine Imbert-Gaserzeugungsanlage mit Generator und Gaskühler vor dem Motorkühler.

OBEN

Die Fertigung des Hanomag-Erfolgsmodells R 40 konnte bereits im Oktober 1945 wieder aufgenommen werden. Auf der DLG-Ausstellung in Frankfurt 1951 präsentierte Hanomag ein komplettes Schlepper-Typenprogramm in allen damaligen Größenklassen, wozu auch das neue, aus dem R 40 entwickelte Modell R 45 gehörte, welches sich durch eine neugestaltete Motorverkleidung von seinem Vorgänger unterschied. Den D-52-Motor hatte man zum D-57-Triebwerk mit 5702 ccm Hubraum weiterentwickelt und dadurch eine mit 45 PS entsprechend höhere Leistung erreicht, die man bei gleicher Drehzahl von 1200 U/min erzielte. Das Antriebsaggregat allein wog 800 kg und brachte damit das Eigengewicht dieses grundsoliden luftbereiften Schleppers auf 3220 kg; bei Eisenbereifung sogar auf 3420 kg. Mit Schnellgang konnte der R 45 immerhin 25 km/h erreichen. Neben den bekannt reichhaltigen Zusatzausrüstungen war die Ausstattung des Fahrzeugs mit hydraulischem Kraftheber und einer Fronthydraulik neu, wobei letztere den Anbau eines Frontladers zuließ, wodurch der R 45 auch für die Bauwirtschaft interessant wurde. Hier ein Exemplar mit Dach aus dem Jahre 1951.

UNTEN

1955 entsprach Hanomag dem Kundenwunsch nach einem schweren Radschlepper mit höherer Motorleistung und brachte daher das Modell R 55 als stärkere Abwandlung des R 45 heraus. Ursprünglich war dieses neue Modell speziell für Exportzwecke vorgesehen. Durch Drehzahlerhöhung auf 1300 U/min hatte man die Leistung des wassergekühlten und in Blockbauweise konstruierten vierzylindrigen D-57 Dieseltriebwerks auf 55 PS gesteigert. Es stand ein in zwei Schaltgruppen unterteiltes Zehnganggetriebe mit zwei Rückwärtsgängen und Differentialsperre zur Verfügung. Die schnellere Version des Straßenschleppers R 55 C erreichte damit Geschwindigkeiten zwischen 1,5 und 26,8 km/h. Das Fahrzeug wog zwischen 3270 und 3470 kg und war auf Wunsch auch mit Faltverdeck oder festem, von der Firma Benze gebauten Fahrerhaus zu haben. Dieser bestens restaurierte R 55 stammt von 1955.

OBEN

Ab 1957 wurden die Bezeichnungen der Hanomag-Schlepper in dreistellige Zahlengruppen geändert, wobei die erste Ziffer die Anzahl der Zylinder, die beiden letzteren die Motorleistung in PS ausdrückten. Demzufolge änderte sich die Typenbezeichnung der Straßenzugmaschine R 55 C in R 455 S, die bis 1958 produziert wurde. Im 5. Gang konnte der für Transportaufgaben eingesetzte und für den Anhängerbetrieb mit einer Luftdruckbremsanlage ausrüstbare Schlepper 22 t Anhängelast ziehen. Dieser restaurierte R 455 S stammt aus dem Jahre 1957.

UNTEN

Zwischen 1952 und 1964 befanden sich die Hanomag-Modelle R 55/455/460 ATK im Verkaufsprogramm. Diese waren mit einer zusätzlichen, zwischen Motor und Schaltkupplung eingebauten ölhydraulischen Strömungskupplung von Voith ausgerüsteter Spezialschlepper, die dadurch stufenlos, ruckfrei und weich unter Last in jedem Gang anfahren konnten. Der ATK - auf diesem Bild ist ein Modell R 455 zu sehen - wog 4419 kg und verfügte über das bekannte D-57-Treibwerk mit 55 PS Motorleistung und erreichte im 5. Gang - je nach Ausführung - bis zu 25 km/h Höchstgeschwindigkeit. Dieser leistungsstarke Radschlepper wurde speziell für die Beförderung schwerster Lasten entwickelt und konnte bis zu 75 t Anhängelast ziehen. In erheblichen Stückzahlen wurden die unterschiedlichen ATK-Ausführungen nicht nur als Flugzeugschlepper auf vielen Flughäfen, oder auch beispielsweise für den Verschiebedienst in Industriebetrieben und auf Werksanschlussgleisen, sondern auch bei Nato-Einheiten in olivgrüner Lackierung im Militärdienst verwendet. Charakteristische Merkmale dieser schweren Fahrzeuge waren die auf Wunsch erhältlichen, allseits geschlossenen, in der Dachpartie mit Plexiglasscheiben versehenen Fahrerhäuser der Firma Benze, die mit jeweils 450 kg überschweren Gussfelgen und eine heckseitig installierte 6-t-Seilwinde. Dieser 1962 gebaute Nato-Hanomag wurde auf ein Faltverdeck umgerüstet.

OBEN

Bei dem 1960 vorgestellten Hanomag-Modell R 460 handelte es sich um eine leistungsgesteigerte Variante des Typs R 450 E, dessen Fertigung im Anschluss daran auslief. Neben der erhöhten Motorleistung von 60 PS des seit langem bewährten R-57-Triebwerks, unterschied sich der R 460 von seinem Vorgänger durch ein verbessertes, leichter zu bedienendes Getriebe mit Klauenschaltung für den 4. und 5. Gang. Daneben gab es unter der Bezeichnung R 460 S auch eine Schnellgangvariante, die den 3600 kg schweren Schlepper mit bis zu 30 km/h Höchstgeschwindigkeit fortbewegen konnte. Der mit einem Fünfganggetriebe bestückte Traktor besaß ein auf Kundenwunsch erhältliches zweistufiges Vorgelege und eine Hydraulik nebst Dreipunktaufhängung für die sehr umfangreiche Palette verschiedener Anbaugeräte. Für den Forsteinsatz war der R 460 mit einer leistungsfähigen Seilwinde zusätzlich ausrüstbar. Im Jahre 1964 wurde die Produktion des Fahrzeugs eingestellt. Hier ein R 460 aus dem Jahre 1963.

LINKS UNTEN

Das zwischen 1964 und 1969 gebaute Hanomag-Modell Robust 800 war der direkte und weiterentwickelte Nachfolger des R 460. Während beispielsweise Getriebe und Vorderachse noch vom früheren Modell stammten, wurde ein völlig neuer, ursprünglich für Bauraupen geschaffener, erheblich leistungsstärkerer Motor in dieses schwere Kraftpaket eingebaut. Erneut war es ein wassergekühlter Vierzylinder-Viertaktmotor des Typs D 941 R mit auf 120 mm vergrößerter Bohrung, der aus 6786 ccm Hubraum eine Leistung von 75 PS bei 1500 U/min herausholte. Darüber hinaus besaß dieser konstruktiv überarbeitete Motor nunmehr fünf anstelle von drei Kugelwellenlagern. Die Hydraulikanlage wurde ebenfalls neu dimensioniert und als weitere Neuerung erstmals in einen Hanomag-Schlepper eine hydraulische Lenkhilfe eingebaut. Der 3420 kg wiegende Robust 800 war das zu jener Zeit leistungsstärkste Hanomag-Modell, besaß ein Fünfganggetriebe mit Vorgelege und war selbstverständlich auch mit einem Allwetterverdeck erhältlich. Diese Aufnahme zeigt ein 1964 gebautes Exemplar.

RECHTS

Mit dem leichten Mehrzweckschlepper-Modell R 12 präsentierte Hanomag 1953 einen in Rahmenbauweise mit hoher Bodenfreiheit konzipierten Tragschlepper in der damals aktuellen Wespentaillenbauweise. Er war als einfache und preisgünstige Alternative vor allem zur Motorisierung kleinerer bäuerlicher Betriebe gedacht, die zu jener Zeit noch häufig auf Zugtiere angewiesen waren. Besonderer Wert wurde bei diesem Entwurf auf die Einmann-Bedienung gelegt. Die Wespentaillenbauform mit langem Radstand und ihrer erheblichen Bodenfreiheit von 425 mm machte den Anbau von Zwischenachsgeräten möglich. Der Schlepper besaß eine Sitzbank für zwei Personen, wobei Lenkung und Fahrersitz auf der rechten Seite angeordnet waren. Der nur 800 kg schwere R 12 wurde von dem ventillosen, gebläsegespülten Einzylinder-Zweitakt-Dieselmotor D 611 mit Wasserkühlung und 511 ccm Hubraum angetrieben, der seine hohe Leistung von 12 PS bei einer Drehzahl von 2200 U/min erreichte. Im übrigen war dies der erste bei Hanomag nach dem Zweitaktverfahren arbeitende Schleppermotor. Das Triebwerk arbeitete nach dem Prinzip der Umkehrspülung, wobei die unterstützende Tätigkeit eines Roots-Gebläses für die gute Leistungsausbeute mit verantwortlich war. Aufgrund des im Vergleich zu den Konkurrenzmodellen gewöhnungsbedürftigen und recht lauten Motorgeräuschs dieses schnelldrehenden Hochleistungstriebwerks wurde dem Schlepper bald der treffende Spitzname „Ackermoped“ zuteil. Das Sechsganggetriebe mit zwei Rückwärtsgängen war in zwei Schaltgruppen aufgeteilt und ermöglichte Geschwindigkeiten von 1,45 bis 18,8 km/h. Gegen Aufpreis waren eine Zentralhydraulik mit einem an drei Punkten aufgehängtem Kraftheber sowie Mähwerk und Frontlader erhältlich. Die Spur des Schleppers konnte ebenfalls verändert werden. Zu Problemen führte der ständige Auswurf unverbrannten Schmieröls durch die Abgasanlage, mit dem neben einer erheblichen Verschmutzung auch eine Geruchsbelästigung einherging. Daher darf es nicht weiter verwundern, dass der R 12 bereits ab dem folgenden Jahr durch eine überarbeitete Ausführung ersetzt wurde. Die beiden Traktoren dieser Seite sind von 1954.

HANOMAG
HANOMAG
VIE
DY 921

DIESE DOPPELSEITE

Die 1951 in Hamburg stattfindende DLG-Ausstellung war Schauplatz der Vorstellung der beiden neuen Hanomag-Traktoren R 16 und R 22. Erstmals wurden bei diesen Hanomag-Schleppern als Antrieb keine Vierzylindermotoren verwendet. Der mit dem nach dem Vorkammerverfahren arbeitenden wassergekühlten Zweizylinder-Viertakt-Dieselmotor des Typs D 14 mit 1399 ccm Hubraum ausgerüstete und in rahmenloser Blockbauweise konzipierte 1170 kg schwere R 16 war der kleinste Schlepper im Hanomag-Verkaufsprogramm der frühen 50er Jahre. Seine Leistung von 16 PS erreichte der Motor bei einer Drehzahl von 1600 U/min. Für dieses vorzugsweise für kleinere Betriebe universell einsetzbare Modell stand üblicherweise ein Getriebe eigener Konstruktion mit fünf Vorwärts- und einem Rückwärtsgang mit drei zusätzlichen Kriechgängen zur Verfügung, welches Geschwindigkeiten zwischen 0,85 und maximal 19,1 km/h zuließ. Während die Ausführung R 16 A serienmäßig mit 7-36-Hinterradbereifung bestückt war, besaß die B-Version hinten die kleineren 7-30-Reifen. Der R 16 fand bis 1957 in recht ansehnlichen Stückzahlen eine weite Verbreitung. Links wird ein 1954 gefertigter R 16 B mit angebautem Mähbalken und Wetterverdeck gezeigt. Auf der rechten Seite oben ist ein weiterer R 16 B vor stilvoller Kulisse zu sehen. Darunter ist ein Modell A abgebildet. Beide Traktoren sind von 1952.

LINKS/UNTEN

Gegen Ende des Jahres 1952 stellten die Hanomag-Werke einige neue, nach dem Baukastensystem gefertigte Modelle vor, die 1953 in Serie gingen. Es waren auf früheren Modellen basierende Typen, die sich von jenen durch leistungsstärkere Motoren, höhere Drehzahlen und andere Bereifungen unterschieden. Dazu gehörte auch der Hanomag R 19, dessen Zweizylinder-D-14-Dieselmotor von seinem Vorgänger R 16 bei ansonsten identischen Werten durch eine auf 19 PS gesteigerte Leistung bei einer auf 1975 U/min erhöhten Drehzahl abwich. Ein weiteres Unterscheidungsmerkmal war der gegenüber dem R 16 zurückgesetzte Luftfilter. Auch hier gelangte ein Fünfganggetriebe mit den auf Wunsch erhältlichen drei zusätzlichen Kriechgängen zum Einsatz. Während die Geschwindigkeitsabstufungen der Kriechgänge von 0,76 bis 1,32 km/h reichten, lagen die Fahrtstufen der Normalgänge zwischen 3,8 und 19,6 km/h. Dieses Modell blieb bis 1957 im Programm. Oben ist ein mit Fahrerdach und Windschutzscheibe ausgerüsteter 1954 gebauter Traktor zu sehen; das untere Fahrzeug entstand ein Jahr zuvor.

OBEN/RECHTS

Der zwischen 1951 und 1957 produzierte, besonders für kleine und mittlere Betriebe vorgesehene R-22-Schlepper von Hanomag, reihte sich nahtlos in die zwischen R 16 und R 28 entstandene Angebotslücke ein. Der in Halbrahmenbauweise konstruierte R 22 mit einem Eigengewicht von 1520 kg besaß das wassergekühlte Dreizylinder-Viertakt-Dieseltriebwerk D 21 S mit 2099 ccm Hubraum, welches bei einer Drehzahl von 1500 U/min 22 PS zur Verfügung stellte. Das Fünfganggetriebe mit den auf Wunsch erhältlichen drei Kriechgängen war auch hier obligatorisch. Ferner konnte der R 22 u.a. auch mit hydraulischem Kraftheber, Frontlader, Mähbalken, sowie seitlichem Riemenscheibenantrieb, Zapfwelle und einer Seilwinde mit 3 t Zugkraft geliefert werden. Ebenso stand eine große Auswahl unterschiedlicher Anbaugeräte zur Verfügung. Die Spur des Traktors war dreifach verstellbar. Lieferbar war der R 22 mit 8-36-Hinterradbereifung, wie das oben gezeigte, 1952 gebaute Fahrzeug, oder mit 10-28-Reifen, wie dies auf dem unteren Bild in Form eines Traktors mit Mähwerk und Allwetterdach aus dem Jahre 1954 zu sehen ist.

OBEN

1950 stand bei Hanomag in Hannover ein vor allem für die leichten Lastwagen der L 28-Reihe neuentwickelter 25 PS leistender wassergekühlter 2,8-Liter-Vierzylinder-Dieselmotor des Modells D 28 auch zur Verwendung in den mittelschweren R-25-Ackerschleppern zur Verfügung. Der neue Motor ersetzte das seit 1949 in den R 25 der Versionen A und B eingebaute schwächere vierzylindrige D-19-Triebwerk mit nur 1911 ccm Rauminhalt und Besitzern der älteren Ausführung wurde werksseitig sogar eine kostenlose Umrüstung angeboten. Der nun als R 25 D bezeichnete 1720 kg wiegende Ackerschlepper wurde in Halbrahmenbauweise mit einem Fünfganggetriebe für Fahrgeschwindigkeiten zwischen 3,7 und 18,3 km/h gefertigt. Nachdem etwa 2700 Einheiten gebaut worden waren, wurde dieses Modell 1951 durch den stärkeren R 28 ersetzt. Unser Foto zeigt einen R 25 D in der Ausführung als Standardschlepper mit 11.25-24-Hinterradbereifung.

LINKS AUSSEN

Der von 1953 bis 1957 gebaute Hanomag R 27 besaß mit dem wassergekühlten nach dem Vorkammerprinzip arbeitenden Dreizylinder-Viertakt-Dieseltriebwerk D 21 mit 2099 ccm Hubraum das vom R 22 her bekannte, nun aber infolge von Drehzahlerhöhung mit 27 PS wesentlich leistungsfähigere Triebwerk. Der R 27 ersetzte das geringfügig stärkere Modell R 28. Dieser zur oberen Mittelklasse zählende, 1520 kg schwere Schlepper war mit einem Hanomag-Fünfganggetriebe für maximal 19,5 km/h und auf Wunsch auch mit zusätzlichen fünf Kriechgang-Übersetzungen für Geschwindigkeiten zwischen 0,86 und 4,20 km/h lieferbar. Hier ein sauber restauriertes Exemplar mit Windschutzscheibe und Fahrerdach aus dem Jahre 1955.

OBEN RECHTS

Den 1953 aus dem Modell R 28 entstandenen Hanomag R 35 hatte man - wie seinen Vorgänger - in Halbrahmenbauweise erstellt. Erneut waren aus dem Hubraum des wassergekühlten Vierzylinder-Viertakt-Dieselmotor D 28 durch Drehzahlerhöhung auf 1900 U/min 7 PS Mehrleistung herausgeholt worden. Das Fünfganggetriebe war mit zusätzlichen Kriechgängen ausrüstbar und die Spurweite des Schleppers war dreifach zu verstellen. Auch dieses Traktormodell gab es mit umfangreichen Zusatzausrüstungen, wie z.B. mit einer aus Stahlblech gefertigten Überdachung des Fahrerplatzes mit Windschutzscheibe und unterschiedlichen Anbaugeräten. Die Fertigung des R 35 endete im Jahre 1957. Dieses Bild zeigt einen 1953 gebauten R 35 A mit 9-42-Hinterradbereifung und Fahrerdach.

LINKS

Das Hanomag-Modell R 28 ging 1951 als Weiterentwicklung aus den 25-PS-Typen R 25 C und D hervor. Das mit dem leistungsgesteigerten, ansonsten aber gleichen Vierzylinder-28-PS-Dieseltriebwerk D 28 bestückte Modell zählte aufgrund seiner Stärke schon zur Kategorie der größeren Schlepper. Das Modell R 28 gab es in den Varianten A als Allzweckausführung mit 9-42-Hinterradbereifung und in der Normalversion B mit 10-28-Hinterreifen. Ein Fünfganggetriebe, das mit der gleichen Anzahl als Sonderausstattung erhältlicher Kriechgänge für Fahrgeschwindigkeiten zwischen 1,05 und 18,3 km/h bestückt war, wurde in den in der B-Ausführung 1740 kg wiegenden und erneut in Halbrahmenbauweise konstruierten Schlepper eingebaut. Aber bereits 1953 wurde der R 28 zugunsten des nahezu gleich starken R 27 aus dem Programm genommen. Diese Fotoaufnahme zeigt ein 1951 gebautes Modell des R 28 B.

OBEN
Zwischen 1954 und 1957 gab es das wassergekühlte, mit einer Roots-Gebläsespülung ausgerüstete Einzylinder-Zweitakt-Dieselmodell des Hanomag R 12 mit einer optisch aktualisierten runden Motorverkleidung. Dieses neue Wespentaillenmodell mit dem hinsichtlich Hubraum und Leistungsabgabe unveränderten D-611-Motor löste die bisherige Version mit der kantigen Haube ab. Auch das Eigengewicht blieb mit 800 kg konstant; es wurde ein mit dem Vormodell identisches Getriebe eingebaut. Seit 1955 ersetzte man die Doppelsitzbank durch einen gefederten Muschelsitz und einen auf dem linken Kotflügel montierten zusätzlichen Sitzplatz. Eine weitere Neuerung des gleichen Jahres war der Antischlupf-Dreipunkt-Kraftheber, der das Gewicht eines Anbaugerätes zwecks Verbesserung der Zugkraft zum Teil auf die Hinterachse des Schleppers verlagerte und dadurch eine um bis zu 210 kg erhöhte hintere Achslast erzielte.

LINKS

1957 wurde das Nachfolgemodell des R 16, der Hanomag R 217 vorgestellt, der das wassergekühlte Zweizylinder-Viertakt-Dieseltriebwerk des Modells D 14 mit 1390 ccm Hubraum und 17 PS Motorleistung bei 1700 U/min verwendete. Hanomag hatte zu jener Zeit die Typenbezeichnungen in dreistelligen Zahlengruppen neu verfasst, wobei die erste Ziffer für die Anzahl der Zylinder, die beiden letzten Zahlen für die Motorleistung in PS standen. Äußerlich unterschied sich der R 217 gegenüber seinem Vorgänger durch die neugestaltete, runde Motorhaube. Ein Fünfganggetriebe mit auf Wunsch erhältlichen drei Kriechgängen war eingebaut. Zwei Jahre später ersetzte man diesen Typ durch das um 2 PS stärkere Modell R 217 S. Dieser bis 1962 gebaute Traktor mit 1300 kg Eigengewicht unterschied sich nur geringfügig vom Vormodell und bildete den Abschluss der mit dem R 16 begonnenen Zweizylinderbaureihe. Das Fahrzeug dieser Abbildung stammt von 1960.

OBEN

Aus dem bis 1957 gefertigten Modell R 22 mit seinem wassergekühlten dreizylindrigen 22-PS-D-21-Motor mit 2099 ccm Hubraum entstand im gleichen Jahr das weiterentwickelte Modell R 324, das, einmal abgesehen von der um 2 PS höheren Motorleistung und der runderen Motorhaube, im wesentlichen seinem Vorgänger entsprach. Dieser und auch die nachfolgenden R-324-Varianten waren sehr bewährte, mittelschwere Schlepper, die es auf ansehnliche Verkaufszahlen brachten. In dem nahezu zeitgleich vorgestellten Typ R 324 E wurde das gleiche Triebwerk mit auf 27 PS angehobener Leistung eingebaut. Zwischen 1959 und 1962 gab es dann ausschließlich die R-324-S-Version, die verschiedene, das Triebwerk verbessernde Maßnahmen, u.a. eine neue Kurbelwelle und eine Doppelkupplung erhielt. Ein in zwei Schaltgruppen unterteiltes mit Kriechgängen versehenes Zehnganggetriebe, welches über zwei Rückwärtsgänge verfügte, wurde in diesem Traktortyp verwendet. Der R 324, von dem hier ein Fahrzeug aus dem Jahre 1962 zu sehen ist, wurde schließlich zum Modell R 332 Granit weiterentwickelt.

UNTEN

Als Nachfolger des R 35 mit seiner kantigen Motorhaube erschien 1957 das Modell R 435 mit einer neuen aktualisierten Motorverkleidung. Auf Wunsch war dieser Typ mit Doppelkupplung erhältlich, welche ein Schalten und Anhalten der Zapfwelle bei laufendem Motor zuließ. Ansonsten entsprach der R 435 im Wesentlichen seinem Vorgänger. Ab Werk wurde in dem mit einer Hydraulik mit zwei Schaltkreisen lieferbaren Schlepper ein Fünfganggetriebe verwendet, das auf Kundenwunsch mit fünf Kriechgängen aufgerüstet werden konnte. Gleichfalls auf Bestellung waren ein hydraulischer Kraftheber, Antischlupfeinrichtung, Frontlader, Mäh- und Riemenscheibe sowie Mähwerk und Windschutzscheibe erhältlich. Im Bild das 1810 kg schwere mit 11-28-Hinterreifen bestückte Modell R 435 B.

OBEN

Das zwischen Oktober 1960 und September 1962 erhältliche Hanomag-Modell R 442/50 Robust war eine Ableitung aus dem mit einem Roots-Gebläse bestückten Typ R 435/45. Dieses gleichfalls mit zuschaltbarer Aufladung erhältliche Fahrzeug wies neben dem stärkeren, auf 42 bzw. 50 PS (mit Aufladung) infolge höherer Drehzahl leistungsgesteigerten Motor und dem längeren Radstand verschiedene Verbesserungen auf, die vor allem den Kraftheber, die ZF-Gemmer-Lenkung und den vergrößerten Kraftstofftank betrafen. Auch hier kam das bewährte wassergekühlte Vierzylinder-Viertakt-Dieseltriebwerk D 28 mit 2799 ccm Hubvolumen zum Einsatz. Das Eigengewicht des Traktors betrug 2275 kg. Ab Werk war ein Fünfganggetriebe lieferbar, das auf Wunsch mit einer weiteren Übersetzung von fünf Gängen erworben werden konnte. Abgebildet ist ein wunderschön restauriertes Fahrzeug mit festem Fahrerhaus aus dem Jahre 1962.

RECHTS UNTEN

Im Oktober 1962 erschien als Nachfolger des R 332 Granit das neue Modell Granit 500, welches Hanomag mit dem ebenfalls dreizylindrigen, nunmehr 38 PS starken, nach dem Wirbelkammerverfahren arbeitenden wassergekühlten D-21-Dieseltriebwerk mit 2099 ccm Hubvolumen ausgerüstet hatte. Weitere Unterscheidungsmerkmale waren ein längerer Radstand und die verbesserte Hydraulik. Ein serienmäßiges Getriebe mit zehn Vorwärts- und zwei Rückwärtsgängen sorgte für ausreichend abgestimmte Geschwindigkeiten zwischen 1,3 und 23 km/h, um den 2340 kg schweren Traktor bewegen zu können. Dieses in der werksseitig ausgeführten roten Exportlackierung gehaltene Modell aus dem Jahre 1963 wurde in den Niederlanden fotografiert.

RECHTS

Das ebenfalls mit der neuen abgerundeten Motorverkleidung gestaltete Hanomag-Modell R 442 Brillant stellte eine optimierte Entwicklungsstufe des Typs R 435 dar, von dem es sich durch den längeren Radstand, ZF-Gemmer-Lenkung, vergrößerten Kraftstofftank, einen stärkeren Motor mit höherer Drehzahl, sowie durch einen leistungsfähigeren Kraftheber unterschied. Der Brillant, der sich seit Oktober 1960 zwei Jahre lang in der Produktion befand, verfügte über das seit vielen Jahren bewährte vierzylindrige D-28-Dieseltriebwerk mit Wasserkühlung und 2799 ccm Hubraum, das nun 42 PS besaß. Auch hier stand ein in zwei Schaltgruppen unterteiltes Zehnganggetriebe mit einem auf Wunsch erhältlichen Schnellgang für 25 km/h zur Verfügung. Der 2255 kg schwere, standardmäßig mit 11-36-Hinterreifen bestückte Schlepper benötigte einen Wendekreis von 7,20 m. Das abgebildete Fahrzeug hat im Jahre 1960 die Werkhallen verlassen.

OBEN RECHTS

1967 entstand bei Hanomag eine neue, leider aber auch die letzte Schlepperbaureihe. Neben der neuen, nüchtern-kantigen Motorverkleidung konnten diese Modelle mit einem neugestalteten Fahrerplatz und neuen, im Baukastenprinzip gefertigten Motoren aufwarten. 1968 erhielt das Modell Granit 501 den dreizylindrigen D-131-R-Viertakt-Einspritz-Dieselmotor mit Wasserkühlung und 2126 ccm Hubraum, der ein Jahr später durch das hubraumstärkere D-132-Triebwerk mit 2356 ccm ersetzt wurde. Beide Motoren leisteten 40 PS bei anfangs 2600, später 2400 U/min. Ein in drei Schaltgruppen zusammengefasstes Neunganggetriebe mit drei zusätzlichen Rückwärtsgängen bewegte den Kompaktschlepper Granit 501 mit 2070 kg Betriebsgewicht mit Fahrgeschwindigkeiten, die zwischen 1,7 und 25,4 km/h (den Schnellgang gab es auf Wunsch) lagen. Serienmäßig besaß er 9-36-Hinterreifen; für besonders große Achslasten waren auf Wunsch auch solche bis zu einer Größe von 13-28 erhältlich. Darüber hinaus gab es die Version Granit 501 E, die mit 48 PS noch leistungsfähiger war. Auf dieser Abbildung ist die Variante 501 des Baujahrs 1970 zu sehen.

UNTEN

Ein zu der Zeit überaus leistungsfähiger Allradschlepper war der zwischen 1967 und 1970 gebaute, 4040 kg schwere Hanomag Robust 901 Allrad, der über das wassergekühlte Sechszylinder-Viertakt-Einspritzdieselaggregat D 162 R mit 4712 ccm und ab 1969 92 PS Motorleistung verfügte. Das Zwölfganggetriebe mit seinen drei Schaltgruppen und den zusätzlich vorhandenen drei Rückwärtsgängen sorgte für eine größte Geschwindigkeit von bis zu 27,15 km/h. Dieses Spitzenmodell von Hanomag verfügte über eine ganze Reihe bedeutsamer, den Fahrkomfort und die Arbeit des Fahrers erleichternder Einbauten und Verbesserungen, angefangen beim Komfort-Schwingsitz bis hin zur hydraulischen Len-

kung, deren Bedienung selbst in schwierigem Gelände oder bei Frontladearbeiten nur geringe Körperkräfte erforderte. Der Wendekreis ist mit 9 m für diesen gewaltigen und trotzdem wendigen Schlepper als sehr gering zu bezeichnen. Ein überaus reichhaltiges Zubehör für alle erdenklichen Arbeiten ließ keine Wünsche offen. 1969 lag sein Verkaufspreis (mit Kraftheber) bei immerhin schon 37100,- DM - Qualität und aufwendige Konstruktion hatten eben ihren Preis. Hier ein von einem Sammler erhaltenes Fahrzeug von 1970.

OBEN
Hier ein 1968 gebauter, toprestaurierter allradgetriebener Hanomag Robust 901 A - die Verkaufsbezeichnung lautete Robust 900 A - mit seinem bis 1968 85 PS starken, ansonsten aber mit dem des links unten gezeigten Modells 901 A identischem Triebwerk. Ausgerüstet ist dieses Exemplar mit einem allseits geschlossenen Fritzmeyer-Verdeck mit aufklappbarer Frontscheibe und Einstiegtüren sowie einem Frontlader. Diese schweren Allradschlepper wurden ausschließlich mit den Außenplanetenachsen APL 3050 geliefert. Infolge der vielen möglichen Übersetzungen konnte der Erwerber zwischen sehr vielen unterschiedlichen Reifengrößen wählen. Leider musste die Schlepperfertigung bei Hanomag - trotz aller der Konkurrenz oftmals überlegenen innovativen Konstruktionsmerkmale - infolge der schlechten Absatzlage zu Beginn des Jahres 1971 eingestellt werden.

RECHTS

Der leistungsstarke, seit 1957 erhältliche Hatz TL 33 war mit dem luftgekühlten direkteinspritzenden Dreizylinder-Viertakt-Dieselmotor des Modells D 100 mit 2709 ccm Hubraum ausgerüstet, welcher 33 PS Leistung bei 1800 U/min erzeugte. Dieses Antriebsaggregat hatte pro Zylinder ein durch Keilriemen vom Motor angetriebenes Axialgebläse und das von der Zahnradfabrik Passau stammende Getriebe des Modells A 10 verfügte über fünf Vorwärts- und zwei Rückwärtsgänge für Geschwindigkeiten bis zu 20 km/h. Zusätzlich wies das Getriebe drei Kriechgänge auf. Der 1870 kg wiegende TL 33 verfügte über eine hohe Zugkraft, die den Schlepper befähigte, beispielsweise Anhängemähdrescher und andere über die unabhängige Zapfwelle zu betreibende Geräte einzusetzen. Weiterhin stand ein hydraulischer Kraftheber zur Verfügung. Von diesem Traktor wurden 570 Einheiten, die allerdings vorzugsweise in den Export gingen, verkauft. Hier ein von einem belgischen Sammler erhaltener Traktor aus dem Jahre 1959.

LINKS

1959 erschien gleichzeitig mit einer sehr attraktiven formalen Neugestaltung der am Markt befindlichen Modelle mit dem Typ TL 13 erneut eine überarbeitete Kleinschlepperversion von Hatz. Dieser blieb bis zum Jahre 1962 im Verkaufsprogramm. Der in Blockbauweise konstruierte 900 kg wiegende kleine Tragschlepper verfügte über ein luftgekühltes Einzylinder-Viertakt-Dieseltriebwerk in Wirbelkammerbauart mit 668 ccm Hubraum und 13 PS Leistung bei 2600 U/min. Der Traktor auf unserer Abbildung ist von 1961

UNTEN

Ebenfalls mit der seit 1959 bei Hatz üblichen neugestalteten Haube ausgerüstet war auch das seit 1961 lieferbare Modell H 220, das über einen luftgekühlten Zweizylinder-Viertakt-Wirbelkammer-Dieselmotor mit 1335 ccm Hubraum mit 20 PS Leistung bestückt war, die das Triebwerk bei einer Drehzahl von 1800 U/min erzeugte. Der formal wie technisch modern gestaltete mittelschwere Traktor konnte aber - ebenso wie die übrigen Modelle des Verkaufsprogramms - das Unternehmen nicht vor der durch die allgemeine Absatzflaute im Schleppergeschäft hervorgerufenen 1964 erfolgten Einstellung der Schlepperproduktion bewahren. Insgesamt 7201 Traktoren hatte Hatz über einen Zeitraum von etwa 10 Jahren, während der sich das Unternehmen mit dem Schlepperbau befasste, gefertigt. Dieser hervorragend restaurierte H 220 mit Verdeck ist 1961 entstanden.

HOLDER

OBEN/RECHTS MITTE

Die seit 1888 existierende Gebr. Holder Maschinenfabrik GmbH aus Metzingen/Württemberg trat als Spezialunternehmen mit Spritzen im Bereich der Schädlingsbekämpfung, mit einachsigen Motorfräsen und -hacken sowie mit der 1930 aufgenommenen Herstellung von Einachsschleppern hervor. Für letztere hatte Holder einen später von Fichtel & Sachs gefertigten und auch in die nachfolgenden Kleinschlepper eingebauten Zweitakt-Dieselmotor entwickelt. 1953 brachte man unter der Bezeichnung B 10 einen im Werk Grundbach bei Stuttgart gefertigten Vierrad-Kleinschlepper heraus, der sich für kleine landwirtschaftliche Betriebe und Sonderkulturen wie Wein-, Garten- und Obstbau als besonders geeignet erweisen sollte. In dieses sehr fortschrittliche und auch erfolgreiche Modell wurde der wassergekühlte ventillose Einzylinder-Zweitakt-Dieselmotor der Typs Stamo 500 D von Fichtel & Sachs mit 500 ccm Hubraum und 9,75 PS Leistung eingebaut, die das Aggregat bei 2200 U/min erreichte. Es stand ein mit dem Motor verblocktes Getriebe mit Differentialsper-

re, vier Vorwärts- und einem Rückwärtsgang für Geschwindigkeiten zwischen 2,6 und 15,5 km/h zur Verfügung. Der 610 kg wiegende Traktor besaß mit 360 mm eine große Bodenfreiheit und konnte eine in seiner Leistungsklasse unerreichte Zughakenkraft entwickeln. Die Spurweite des mit zwei Zapfwellen und vielfältigen Geräteanbaumöglichkeiten lieferbaren Schleppers war in zwei Stellungen zu variieren. Als Hinterradbereifung diente die 6 oder 7-24-Größe. Diesen Kleinschlepper gab es auch in der Ausführung A 10 als Allradschlepper in hydraulischer Knicklenkerbauweise. Während links oben ein B 10 aus der ersten Bauserie des Jahres 1953 zu sehen ist, zeigt die Abbildung links unten ein 1956 gebautes Exemplar, das bereits über die modifizierte leicht abgerundete Motorabdeckung verfügt.

OBEN
Seit 1957 gab es das für die gleiche Zielgruppe vorgesehene Modell B 12 von Holder, einen wendigen Allzweckschlepper, der sowohl für den bäuerlichen Familienbetrieb als auch als Zweitschlepper für Großbetriebe geeignet war. Dieser ebenfalls in konventioneller Blockbauweise gefertigte Kleintraktor mit seiner runden, formschönen Motorhaube verfügte über das auf 12 PS Leistung bei 2200 U/min und 600 ccm gesteigerte, nunmehr luftgekühlte, ansonsten aber weitgehend baugleiche, jetzt als D 600 bezeichnete Einzylinder-Zweitakt-Dieseltriebwerk seines Vorgängers B 10. Das sechsgängige Holder-Schaltgetriebe (mit Kriechgang) war auf Geschwindigkeiten zwischen 0,6 und 20 km/h abgestimmt. Der 670 kg wiegende Traktor besaß wahlweise einen hydraulischen Kraftheber oder mechanische Handaushebung. Das Gerätezubehörsystem dieses mit 7-24-Hinterradbereifung versehenen Traktors war für Einmannbedienung ausgelegt. Auch in diesem Fall war mit dem A 12 eine in konstruktiver Hinsicht dem A 10 ähnliche Allradausführung erhältlich. Der hier gezeigte, in einen vorzüglichen Zustand zurückversetzte Traktor ist aus dem Jahre 1959.

IHC

RECHTS

Im Jahre 1902 erfolgte der Zusammenschluss der beiden Hersteller McCormick und Deering, beides renommierte Unternehmen, die sich auf dem US-amerikanischen Markt vor allem auf dem Gebiet der Ernte- aber auch anderer Landmaschinen einen Namen gemacht hatten, zur International Harvester Company. 1908 wurde die erste deutsche Niederlassung in Neuss am Rhein gegründet, welche in den folgenden Jahren für den Bau und Vertrieb der landwirtschaftlichen Maschinen in Deutschland zuständig war. Es verging aber noch einige Zeit bis zum Jahr 1937, ehe der erste in Neuss gefertigte Schlepper, das mit einem Vierzylinder-Vergasermotor bestückte Blockmodell F 12, vorgestellt werden konnte. Nach Kriegsende kam die Fertigung von Schleppern in Neuss erst sehr langsam wieder in Gang. Zunächst galt es, den für den deutschen Markt nicht mehr zeitgemäßen Vergasermotor durch ein Dieselaggregat zu ersetzen. 1951 hatte man ein entsprechendes Dieseltriebwerk serienreif entwickelt und konnte dieses in das neue Schleppermodell DF 25 einbauen. Es war ein nach dem Wirbelkammerverfahren arbeitender Vierzylinder-Viertakt-Dieselmotor mit Wasserkühlung, 2043 ccm Hubraum und 25 PS Leistung, die das Triebwerk bei 1650 U/min abgab. Der Motor des DF 25 konnte direkt gestartet werden und wurde nicht wie bei den in den USA üblichen Dieselmotoren mit Benzin angelassen und erst nach einer Warmlaufphase auf Dieselkraftstoff umgestellt. Der 1370 kg wiegende und in Halbrahmenbauweise gefertigte DF 25 besaß ein mit dem Modell F 12 identisches Vierganggetriebe. Eine Zapfwelle gehörte zur serienmäßigen Ausrüstung und dieser gelungene Entwurf ließ die Verkaufszahlen wieder auf zufriedenstellende Werte ansteigen. Bis 1953 verließen insgesamt 3501 Fahrzeuge die Neusser Werkhallen. Dieses hervorragend restaurierte Fahrzeug ist von 1951.

DIESE DOPPELSEITE

1952 wurde das bei der IHC in Neuss neuentwickelte Traktormodell DED vorgestellt, das man bis 1953, zusammen mit dem Typ DF 25, anbot. Im gleichen Jahr entstanden dann die nach dem Baukastensystem konstruierten Farmall-Schleppertypen DLD 2, DED 3 und DGD 4, die mit wassergekühlten zwei, drei und Vierzylinder-Viertakt-Dieselreihenmotoren bestückt waren, die 14, 20 und 30 PS leisteten. Während der für bäuerliche Kleinbetriebe konzipierte und 820 kg schwere „Deutscher Leicht-Diesel" DLD 2 - siehe obige Abbildung, die ein 1956 gebautes Fahrzeug zeigt - seine Leistung aus einem Zweizylinder-Triebwerk mit 1103 ccm Hubraum bei 1750 U/min erzeugte und anfangs mit einem Fünfgang-, später Sechsganggetriebe von ZF ausgerüstet war und eine 7-24-Hinterradbereifung besaß, verfügte die 1305 kg wiegende dreizylindrige Variante des „Deutschen Einheits-Diesels" DED bzw. DED 3 (unten ein 1953 gebautes Fahrzeug mit Mähbalken) über 1634 ccm Rauminhalt und 20 PS Leistung bei

gleicher Drehzahl. Die Hinterräder dieses für mittelgroße Höfe besonders geeigneten Modells wiesen die Maße 8-32 auf und das für Geschwindigkeiten zwischen 3,2 und 20 km/h ausgelegte Getriebe war mit dem des DLD 2 identisch. Das Spitzenmodell dieser Reihe, der „Deutsche Groß-Diesel", DGD 4 hingegen bezog seine Leistung von 30 PS aus einem Vierzylinder-Reihen-Dieselmotor mit 2175 ccm Hubraum bei 1900 U/min. Dem 1370 kg wiegenden Traktor konnte ein Anhängelast von 20 t auf ebener, fester Straße zugemutet werden. Auch hier wurde anfangs ein fünfgängiges, später ein Sechsganggetriebe eingebaut. Das Foto auf der rechten Seite zeigt einen mit festem Wetterschutzverdeck und Mähbalken ausgerüsteten DGD 4 von 1954. Während bei allen drei Modellen Differentialsperre, Zugrahmen mit Anhängegeräteschiene und Zapfwelle zur serienmäßigen Ausrüstung gehörten, waren beispielsweise der hydraulische Kraftheber, Riemenscheibe, seitliches Anbaumähwerk, Dreipunktaufhängung mit Geräteschiene sowie das Wetterschutzdach auf Wunsch und gegen Aufpreis zu bekommen. Für die beiden schwereren Modelle waren Frontlader nach dem System Wittenburg nachrüstbar. Fast 22500 Exemplare dieser drei Typen konnten in der Zeit zwischen 1953 und 1956 verkauft werden.

OBEN LINKS

1956 stellte IHC die aus 5 Typen zwischen 12 und 30 PS liegende neue D-Reihe vor, die die bisherigen IHC-Typen ablöste. Das „D" in der Typenbezeichnung gab an, dass die Traktoren in Deutschland gefertigt worden waren. Die vorher rundliche Form der Motorhaubenabdeckung war nun einer kantigen Formgebung in Verbindung mit einer neuen dunkelroten Farbgebung gewichen. Während die erste Ziffer der Typenbezeichnung die Zylinderzahl anzeigte, war aus den beiden folgenden Zahlen die Motorleistung in PS ersichtlich. Die Motoren waren wiederum nach dem Baukastensystem entworfen worden. Das leichteste Modell war der Typ D 212, bestückt mit einem wassergekühlten Zweizylinder Reihenviertaktdieselmotor mit 1088 ccm Hubraum und 12 PS Leistung bei 1750 U/min. Die Bodenfreiheit dieses in Tragschlepperbauweise erstellten Traktors mit 1033 kg Eigengewicht war mit 395 mm beachtlich und erlaubte die Befestigung von Zwischenachsanbaugeräten. Das Sechsganggetriebe reichte für Geschwindigkeiten von 1,4 bis 18,2 km/h. Gefederte Vorderachse, Differentialsperre und Zapfwelle gehörten zur Serienausstattung; Kraftheber und Mähwerk hingegen zum Zubehörprogramm. Zwischen 1956 und 1959 verließen 3752 „Farmall" D 212 die Fertigungsbänder. Das gezeigte Fahrzeug entstand 1957.

OBEN RECHTS

Als die Neusser IHC-Werke 1958 ihr 50jähriges Jubiläum feierten, stellten sie einige weitere Typen der Standardbaureihe vor. Gleichzeitig entfiel die bisherige Bezeichnung „Farmall" und wurde durch den Begriff „McCormick International" ersetzt. Als Nachfolger des D 212 gab es nun den D 214 Standard, der das Triebwerk seines Vorgängers erhalten hatte, welches durch Drehzahlerhöhung eine Leistung von 14 PS erreichte. Das Sechsganggetriebe - der erste Gang war als Kriechgang ausgebildet - bewegte den mit 1053 kg leichten Traktor mit Geschwindigkeiten zwischen 0,7 und 20 km/h. Ein hydraulischer Kraftheber, Dreipunktaufhängung und Differentialsperre waren serienmäßig bzw. auf Kundenwunsch gegen Aufpreis erhältlich. Von diesem Modell konnten bis 1962 8046 Einheiten verkauft werden; hier ein Fahrzeug von 1959.

LINKS UNTEN

Bereits seit 1956 gab es den Farmall D 217, einen robusten 17-PS-Schlepper der leichteren Größenklasse. Er besaß ein wassergekühltes Zweizylinder-Viertakt-Reihendieseltriebwerk mit 1217 ccm Hubraum, das die angegebene Leistung bei 1900 U/min erreichte. Das sechsgängige Getriebe umspannte die Geschwindigkeitsbereiche von 1,4 bis 17,9 km/h. Das Eigengewicht des aufgrund der Bauweise als Tragschlepper auch für Pflegearbeiten sehr geeigneten D 217 betrug 1065 kg; hier ein Fahrzeug von 1957.

OBEN

Das Farmall-Modell D-320 war das nächstschwerere Baumuster in der Hierarchie dieser IHC-Schlepperreihe. Aufgrund seiner in Bezug auf seine Leistung sehr kompakten Größe war er ein idealer Allzweckschlepper, der von Besitzern landwirtschaftlicher Mittelbetriebe gern verwendet wurde. Neu bei den IHC-Traktoren ab 20 PS war das als Sonderausrüstung erhältliche Agriomatic-Getriebe, das den Wechsel der Gangübersetzungen von Straßen- in Ackergänge und umgekehrt ohne Kuppeln und Schalten mittels eines Handhebels und die Reduzierung der Fahrgeschwindigkeit oder das Anhalten ohne Verringerung der Zapfwellendrehzahl zuließ. Die Bedienung des Schleppers war nun auch von außerhalb des Fahrstandes durch die Ein-Hebel-Bedienung möglich. Das Getriebe verfügte über acht Vorwärts- und zwei Rückwärtsgänge für Fahrgeschwindigkeiten zwischen 1,5 und 19,6 km/h. Der nach dem Wirbelkammerverfahren arbeitende Dreizylinder-Viertakt-Dieselmotor mit 1631 ccm Hubraum leistete 20 PS bei 1800 U/min. Als Bereifung der hinteren Antriebsräder standen die Größen 10-28 bzw. 8-36 (letztere als Hochradausführung) zur Wahl. Der D 320 konnte sich mit beachtlichen 13298 bis 1962 gefertigten Einheiten gut am Markt behaupten. Hier ist ein 1957 gebauter Schlepper mit seitlichem Anbaumäher zu sehen.

OBEN
Ein starker Schlepper der Mittelklasse war der seit 1956 lieferbare dreizylindrige Farmall D 324, dessen wassergekühltes Dieseltriebwerk einen Hubraum von 1825 ccm aufwies und bei 1900 U/min 24 PS leistete. Sechs Vorwärts- und ein Rückwärtsgang für Geschwindigkeiten zwischen 1,4 und 18,8 km/h standen dem Fahrer für diesen 1348 kg wiegenden Schlepper zur Verfügung. Mit insgesamt 24490 über einen Zeitraum von sechs Jahren verkauften Exemplaren nahm das Modell die Spitzenstellung unter den unterschiedlichen Varianten dieser IHC-Schlepperreihe ein. Der abgebildete Traktor entstand 1956.

RECHTS OBEN
Dem 30 PS starken, ebenfalls seit 1956 erhältlichen Farmall D 430 konnte man schon recht schwere und anspruchsvolle Arbeiten zumuten. Sein Vierzylinder-Viertakt-Dieselreihenmotor mit Wasserkühlung verfügte über 2175 ccm Rauminhalt und erreichte die 30 PS bei 1900 U/min. Das Sechsganggetriebe verfügte über eine Differentialsperre und auch für diesen, 1405 kg schweren Traktor stand die bereits beschriebene Agriomatic als Sonderausstattung zur Verfügung. Insgesamt verließen zwischen 1956 und 1962 8231 Einheiten die Werkhallen. Im Bild ein D 430 von 1957, dessen Fahrersitz aber nicht dem Auslieferungszustand entspricht.

RECHTS UNTEN
Die 1962 in München stattfindende DLG-Ausstellung bot Anlass, die letzte D-Baureihe von IHC der Öffentlichkeit vorzustellen. Es waren Traktoren, deren Leistungen zwischen 15 und 50 PS angesiedelt waren. In diesem Fall aber erfolgte die Leistungsangabe in SAE-PS, sodass die Schlepper der neuen D-Reihe keinesfalls mehr Leistung als ihre jeweiligen Vorgänger aufwiesen. An den neuen Modellen wurden nur Detailverbesserung vorgenommen, deren bedeutendste jedoch eine neue „exact“-Regelhydraulik für die Vierzylinder-Typen mit gesteigerter Hubkraft, die mit einer automatischen Tiefenführung und Verhinderung des Absinkens der angebauten Geräte

bei abgestellten Motor verbunden war. In Verbindung mit der weiterhin verwendeten nunmehr serienmäßigen Agriomatic waren es durchaus fortschrittliche Maschinen, die das IHC-Werk in Neuss damals anbieten konnte. Als Höchstleistung wurden für das Vierzylinder-Triebwerk des McCormick D 432 32 PS bei 1900 U/min angegeben. Der Traktor mit seinem achtgängigen Getriebe brachte nun 1494 kg auf die Waage. Von diesem Modell konnten bis 1965 10712 Exemplare verkauft werden. Hier ein 1963 gebautes Fahrzeug mit Wetterschutzdach.

Kramer

OBEN

Mit einem benzingetriebenen 4-PS-Motorgrasmäher setzte die Maschinenfabrik Gebr. Kramer in Gutmadingen im Jahr 1925 den Anfang ihrer bis zum Beginn der 70er Jahre erfolgreichen Schlepperproduktion. Die steigende Nachfrage war der Grund dafür, dass bereits 1934 mit der Fließbandfertigung der leistungsgesteigerten Nachfolgermodelle begonnen werden konnte. Zwischen 1936 und 1937 wurde das 11-PS-Modell des Kleinschleppers K 12 in 66 Einheiten gebaut. Dieser mit dem liegenden Einzylindermotor mit Verdampfungskühlung des Typs Güldner GL 11 mit 1113 ccm Hubraum ausgerüstete offene Schlepper einfacher Konstruktion erbrachte seine Leistung bei 1500 U/min. Der 1450 kg wiegende Traktor war in Kastenrahmenbauweise mit pendelnd aufgehängter Starrachse konstruiert und mit einem Drei- oder Viergang-Prometheus-Getriebe bestückt, welches in der letzteren Version eine Maximalgeschwindigkeit von 15 km/h zuließ. Schon bald darauf traten auf 12 bzw. 14 PS leistungsgesteigerte Varianten die Nachfolge dieses Schleppers an. Hier ein 11-PS-Schlepper aus dem Jahr 1937.

LINKS

Von Januar 1950 bis Juni 1951 wurden 1239 Exemplare des mit dem liegenden Einzylinder-Dieselmotor des Fabrikats Güldner GW 20 mit 1639 ccm Hubraum und 22 PS bei 1500 U/min ausgestatteten Jubiläumsmodells TH 22 „Allesschaffer“ von Kramer gebaut, bei welchem man die vorher übliche Verdampfungskühlung durch eine Thermosyphonkühlung ersetzt hatte. Der 1650 kg schwere Schlepper besaß ein neuentwickeltes Getriebe mit Zapfwellenantrieb eigener Konstruktion mit fünf Vorwärts- und einem Rückwärtsgang für Geschwindigkeiten zwischen 3,3 und 20 km/h. Abgesehen von der nun vorhandenen runden Motorverkleidung unterschied sich der DM 6980,- teure TH 22 äußerlich nur wenig vom Modell K 18. Dieses schön restaurierte Exemplar ist von 1950.

RECHTS

Gleichfalls mit einem einzylindrigen Güldner-Triebwerk des Modells GW 20 bestückt war der von 1939 bis 1942 und in den Jahren 1948 und 1949 gebaute Kramer-K-18-Traktor, der den Namen „Allesschaffer“ erhielt. Es war ein Kleinschlepper, der auf der gleichen konstruktiven Bauform - mit Verdampfungskühlung und pendelnd gelagerter Starrachse - basierte und insgesamt in 6013 Einheiten produziert wurde. Das Triebwerk erzeugte aus einem Hubraum von 1640 ccm eine Leistung von 20 PS bei 1500 U/min. Bei der Ausführung K 18 M war ein ausklappbares Mähwerk angebaut. Als Getriebe stand ein solches der Zahnradfabrik Passau mit vier Vorwärts- und einem Rückwärtsgang für eine größte Fahrgeschwindigkeit von 16 km/h im 4. Gang zur Verfügung. Die serienmäßige Hinterradbereifung wies die Größe 8-20 auf. Als Zusatzausrüstung für den K 18 war auch eine Zapfwelle erhältlich, die diesem in der Landwirtschaft und auch im Fuhrgewerbe bewährten Kleinschlepper angebaut werden konnte. Dieser K 18 M ist von 1940.

OBEN

Ab Juni 1950 wurde das noch aus der Vorkriegszeit stammende Modell K 12/K 12 M durch den Typ K 12 V ersetzt. Dieser 12-PS-Schlepper hatte wieder eine Verdampfungskühlung erhalten und mit seiner formschönen Motorverkleidung und dem attraktiven Preis von nur DM 3575,- war er auf der DLG in Frankfurt eine kleine Sensation und zugleich der billigste Schlepper auf dieser Ausstellung. Wahlweise stand für den 1300 kg wiegenden Einzylinderschlepper mit 1808 ccm Hubraum ein ZP-Getriebe oder ein solches mit fünf Gängen von Kramer selbst zur Verfügung. An den sonstigen konstruktiven Eigenschaften hatte sich nicht viel geändert. Die Kotflügel der Hinterräder waren nun als Sitzbänke ausgebildet worden. Der K 12 V wurde bis 1952 in der respektablen Stückzahl von 4015 Exemplaren gefertigt; dieser hier ist von 1951.

OBEN

Zwischen 1953 und 1956 wurde das mit einem Deutz-Motor bestückte Kramer-Tragschlepper-Modell KL 11 in genau 6312 Einheiten gebaut, welches den Verdampfertyp K 12 ablöste und parallel zum Typ KB 12 L mit Güldner-Motor in das Verkaufsprogramm aufgenommen wurde. Damit erreichte dieses Modell die größten Stückzahlen aller jemals gefertigten Kramer-Schlepper. Es kam das luftgekühlte Einzylinder-Viertakt-Dieseltriebwerk F 1 L 612 von Deutz mit 763 ccm Hubraum und 11 PS Motorleistung bei 2100 U/min zum Einsatz. Der nur 870 kg leichte Kleinschlepper besaß ein Getriebe der Zahnradfabrik Friedrichshafen mit fünf Vorwärts- und einem Rückwärtsgang für Geschwindigkeiten zwischen 2,72 und 19,8 km/h. Die Vorderachse war sowohl als pendelnd aufgehängte Starrachse als auch auf Wunsch mit Einzelradfederung erhältlich. Dieser vorzüglich restaurierte Traktor ist von 1955.

UNTEN

Für die Kramer-Schlepper der 50er Jahre, die schon bald in einer Angebotsbreite von 11 bis 45 PS erhältlich waren, wurden in erster Linie Motoren von Deutz und Güldner, in einigen Fällen aber auch von MWM verwendet. Das seit Anfang 1953 gebaute leichtere, auf der Basis des KB 12 entstandene Modell KB 17 - bis 1956 wurden hiervon insgesamt 2944 Schlepper hergestellt - besaß das wassergekühlte Zweizylinder-Viertakt-Dieseltriebwerk des Typs 2 DN von Güldner mit 1300 ccm Hubraum, das 17 PS bei 1800 U/min erzeugen konnte. Die Antriebskraft des in Blockbauweise konstruierten 1225 kg wiegenden Schleppers wurde mittels eines im eigenen Werk entwickelten Getriebes mit sechs Vorwärts- und zwei Rückwärtsgängen auf die Hinterräder übertragen. Der Schlepper konnte mit Fahrgeschwindigkeiten von 3,7 bis 19,8 km/h bewegt werden. Die Spurweite war zweifach verstellbar und die Vorderachse pendelnd mit Einzelradfederung aufgehängt. Es standen Zapfwelle, seitliche Riemenscheibe, Mähwerk, Kraftheber und Anhängeschiene als Zubehör zur Verfügung. Der abgebildete Kramer-Schlepper ist von 1953.

OBEN

Gleichfalls einen luftgekühlten Deutz-Motor, in diesem Fall war es das Zweizylinder-Viertakt-Dieseltriebwerk F 2 L 712 mit 18 PS bei 1800 U/min, erhielt der von April 1960 bis Mai 1961 im Kramer-Verkaufsprogramm befindliche KL 200. Dieses war im Prinzip das zuvor unter der gleichen Bezeichnung angebotene frühere Modell, das nun die neue Haubenform erhalten hatte. Das zuvor nur auf Kundenwunsch mit Kriechgängen erhältliche, aus eigener Produktion stammende Zehngang-getriebe, wurde nun serienmäßig verwendet. Dieses ermöglichte Geschwindigkeiten zwischen 0,7 und 20 km/h. Der 1150 kg wiegende Schlepper war mit einer pendelnd aufgehängten Starrachse mit Einzelradfederung ausgerüstet. Auf diesem Bild wird ein 1961 gebautes Exemplar gezeigt.

LINKS UNTEN

1958 stand die fällige Aktualisierung des äußeren Erscheinungsbildes der Kramer-Schlepper an. Eine moderne, nun nach vorn aufklappbare Haube überdeckte jetzt die Motoren. Neu war außerdem der komfortable Schwingsitz, der die Bandscheiben des Fahrers schonen sollte. In das in den Jahren 1959 bis 1962 gebaute Kleinschleppermodell Pionier S war der Einzylinder-Viertakt-Dieselmotor von Deutz des Typs F 1 L 712 mit Luftkühlung und 850 ccm Hubraum montiert, der eine Leistung von 11 PS bei 2400 U/min zur Verfügung stellen konnte. Für diesen nur 850 kg leichten Traktor hatten die Kramer-Werke ein vollkommen neues Getriebe mit fünf Vorwärts und einem Rückwärtsgang entwickelt, das zusätzlich über einen Kriechgang verfügte. Somit stand der Geschwindigkeitsbereich von 1,3 bis 20 km/h zur Verfügung. Hier ein einwandfrei restaurierter Traktor aus dem Jahre 1959.

UNTEN

Mit dem wassergekühlten 20-PS-Zweizylinder-Viertakt-Güldner-2-DNS-Dieselmotor mit 1305 ccm Hubraum wurde der Kramer-Schlepper KW 200 ausgerüstet, der sich von Juni 1961 bis Dezember 1962 in der Produktion befand. Die Leistung erbrachte das Triebwerk bei 2200 U/min. In den 1270 kg schweren Schlepper war das Kramer-Zehnganggetriebe der Baugruppe I eingebaut, dessen Gänge sich in zwei Schaltgruppen unterteilten, und das mit dem des KL 200 identisch war. Serienmäßig verfügte der KW 200 über 9-24-Hinterradbereifung. Der abgebildete Traktor wurde Ende des Jahres 1962 gebaut und gehört damit zu den letzten gefertigten Exemplaren.

KLEINES BILD MITTE

Zwecks Geräuschminderung wurde seit dem Juli 1961 die bisher aus Stahlblech gefertigte Motorhaube des KL 200 gegen eine solche aus Durelastikmaterial ersetzt. Seit März 1962 verwendete man das aus zwei Schaltgruppen bestehende neue Kramer-Zehnganggetriebe der Baugruppe I in diesem Schlepper. Wurde anfangs das 20-PS-Deutz-Triebwerk F 2 L 712 eingebaut, so ging man ab Mitte des Jahres 1964 auf das neuere F 2 L 812-Aggregat mit 1700 ccm Hubraum über, das seine Leistung von 22 PS bei 2100 U/min erreichte. Eine weitere Verbesserung war der gemäß einer neuen Vorschrift des Gesetzgebers erfolgte Einbau von zwei unabhängig voneinander wirkenden Bremsanlagen. Dabei wirkte die Fuß- und Lenkbremse auf die Hinterräder, die Handbremse hingegen auf das Getriebe. Abgebildet ist ein 1964 gefertigter Schlepper. 1973 wurden bei der Firma Kramer die letzten Ackerschlepper produziert. Das Unternehmen konzentrierte seine Bemühungen fortan auf Baufahrzeuge und Spezialmaschinen.

LINKS/RECHTS
Unmittelbar nach dem Ende des Ersten Weltkrieges entstand als Parallelentwicklung zum Landbaumotor der von einem nach dem Zweitaktverfahren arbeitenden Zweizylinder-Glühkopfmotor angetriebene Lanz Felddank. Zunächst wurde dieser Benzintraktor unter dem Namen Feldmotor als ein in Rahmenbauweise mit einem Vergaser gefertigtes Fahrzeug gebaut. Die Konstruktion wurde ab 1923 auf den genannten Glühkopfmotor umgestellt. Der in zwei Ausführungen, als Acker- oder Verkehrsschlepper, mit Eisen- oder Hartgummibereifung lieferbare Felddank besaß einen Glühkopfmotor mit Verdampfungskühlung, der aus dem gewaltigen Hubraum von 12460 ccm 38 PS bei 650 U/min erzeugte. Drei Vorwärtsgänge und ein Rückwärtsgang standen für beide Varianten mit unterschiedlichen Übersetzungen zur Verfügung. Die größte Geschwindigkeit betrug beim Verkehrsschlepper 9,9 km/h. Das Leergewicht betrug - je nach Ausführung - als Verkehrsschlepper bis zu 4800 kg. Der Felddank war auch mit Führerhausdach und Beleuchtung erhältlich und er wurde mit dem vorn auf die Kurbelwelle aufgesteckten Lenkrad, das von der Lenksäule abgezogen wurde, im wörtlichen Sinne „angeworfen". Da auch er nur für den Betrieb auf größeren Gütern infrage kam, blieben seine Stückzahlen mit etwa 800 gefertigten Einheiten aller Varianten vergleichsweise gering. Heute gehört der Felddank zu den großen Schlepperraritäten, denn nur ganz wenige Exemplare wurden vor der Verschrottung bewahrt. Dieser Felddank von 1925 ist in der eisenbereiften Ackerausführung zu sehen.

OBEN/UNTEN

Der Lanz Bulldog 15/30 PS, Typ HR 5 war das seit 1929 erhältliche Nachfolgemodell des HR-2-Großbulldogs. Neu war an diesem Gerät vor allem die Hinwendung von der bisher verwendeten Verdampfungskühlung zur Thermosyphonkühlung mit Windflügel und Kühlelementen, wodurch der Kühlwasserinhalt auf 60 Liter reduziert werden konnte. Die Leistung des Einzylinder-Glühkopfmotors war, bei gleichem Hubraum auf 30 PS bei gleichzeitiger Steigerung der Drehzahl auf 540 U/min angehoben worden. Weitere Änderungen bezogen sich auf das Getriebe und dessen Anordnung, Ventilator-Kühlvorrichtung und Luftfilter.

Auch diesen Bulldog gab es sowohl in einer Acker- als auch in der elastikbereiften Verkehrsausführung. Der Kühlerbulldog mit seinem neuen Dreigang-Wechselgetriebe mit eingebautem Rückwärtsgang - dadurch entfiel nun auch der Umsteuerungsvorgang -war mittels eines Kugelschalthebels schaltbar. Auf Wunsch war dieser bis 1935 gebaute Bulldog in Sonderausführungen erhältlich, so z.B. - wie hier zu sehen - mit breiten, den Bodendruck mindernden Spezialwalzenrädern für Einsätze auf weichen Untergründen oder zur Moorkultivierung. Dieses aufwendig restaurierte Fahrzeug entstand im Jahre 1930.

OBEN/UNTEN

Auf dieser Seite sind zwei weitere eisenbereifte Lanz-Kühlerbulldogs des Typs HR 5 zu sehen. Während oben ein 1929 gebautes Fahrzeug gezeigt wird, entstand der unten abgebildete Bulldog im Jahre 1934. Wie bereits ausgeführt, war der neue 15/30-PS-Bulldog anstelle des im Modell HR 2 verwendeten Verdampfungskühlsystems, das sich infolge seines hohen Flüssigkeitsverbrauchs vor allem in wasserarmen Gebieten nicht bewährt hatte, mit der vorteilhafteren und sparsameren Thermosyphonkühlung ausgerüstet. Infolge der Verringerung des Kühlwasservorrates konnte auch die Form des Kühleraufbaus verkleinert und gefälliger gestaltet werden. Der für die Beförderung des zum Betrieb des Bulldogs notwendigen Kühlwassers von Lanz angebotene Wasserwagen war nun überflüssig geworden. Die eisenbereifte HR-5-Ackerbulldog-Ausführung konnte maximal 5,6 km/h erreichen und brachte 2575 kg Eigengewicht auf die Waage.

LINKS/UNTEN

Der Lanz-Bauernsparbulldog D 3500 des Typs HN 5 wurde bereits 1935 unter Einflussnahme der Reichsregierung entwickelt, die einen kleineren leistungsschwächeren Schlepper mit niedrigem Eigengewicht für die Autarkiebestrebungen auf dem Nahrungsmittelsektor forderte. Der etwa 2000 kg schwere Bulldog ging 1937 in Serie und blieb auch nach Kriegsende, bis zum Jahre 1952, in Produktion. Im D 3500 wurde ein nach dem Zweitaktverfahren arbeitender Einzylinder-Glühkopfmotor mit Wasserumlaufkühlung mit 4767 ccm Hubraum verwendet, der 20 PS bei 760 U/min erzeugte. Mittels einer Kugelschaltung wurden drei Vorwärts- und ein Rückwärtsgang betätigt. Den in großen Stückzahlen gefertigten Bulldog gab es sowohl mit Ackerluft-Bereifung, als auch mit Eisenbereifung für reine Feldarbeiten. Während oben ein wunderschöner, von seinem Besitzer auf ein Sechsganggetriebe umgerüsteter Ackerluft-Bulldog aus dem Jahre 1935 zu sehen ist, zeigt die Abbildung unten ein ähnliches, 1939 gebautes Fahrzeug. Beide Modelle sind aufgrund der angestrebten Gewichtsreduzierung zur Verminderung des Bodendrucks bei Feldarbeiten ohne die hinteren Kotflügel ausgerüstet.

OBEN

Das Lanz-Allzweck-Bulldog-Modell D 3506 der Typenreihe HN 5 mit 20 PS gab es zwischen 1949 und 1952. Diese Lanz-typische Konstruktion zeichnete sich durch eine große Bodenfreiheit sowie seine schmalen, luftbereiften hinteren Antriebsräder der Größe 8-36 und einer mehrfach verstellbaren Spurweite aus. Damit eignete sich der Bulldog auch für Pflegearbeiten in Kulturen mit unterschiedlichen Reihenabständen. Das 1850 kg wiegende mit sechs Vorwärts- und zwei Rückwärtsgängen bestückte Modell gab es auf Kundenwunsch auch mit einem ölhydraulischen Kraftheber. Dieses hier ist ein mit Frontscheibe und Wetterverdeck versehenes, 1951 gebautes Exemplar.

OBEN

Für schnelle Straßentransporte einsetzbar war der Lanz-Eilbulldog D 7531 des Baureihentyps HN 3, welcher zwischen 1937 und 1939 hergestellt wurde. Die verschiedenen von Lanz gebauten Eil-Bulldogs spielten damals im innerstädtischen Nahverkehr eine nicht unbedeutende Rolle. Von diesem mit sogenannten Automobilkotflügeln ausgerüsteten Bulldogmodell wurden allerdings lediglich 100 Einheiten gebaut. Das Sechsganggetriebe konnte den 3060 kg wiegenden 25-PS-Bulldog auf 20 km/h beschleunigen. Er kostete 1938 6570 .- Reichsmark. Dieses mit Windschutzscheibe ausgestattete Fahrzeug ist von 1939 und wurde aufwendig restauriert.

RECHTS OBEN

Bis auf den nun mit 25 PS Höchstleistung offiziell angegebenen Wert entsprach das zwischen 1936 und 1952 gebaute mittelschwere Modell D 7500 in einfacher Ausstattung im Wesentlichen dem bis 1936 gefertigten gleichnamigen Lanz-Bulldog des Baureihentyps HN 3. Dieser eisenbereifte, nur für Feldarbeiten geeignete Acker-Bulldog aus dem Jahre 1949 besaß ein Leergewicht von 2100 kg, das mit maximal 7 km/h bewegt werden konnten. Das kugelgeschaltete Getriebe verfügte über drei Vorwärts- und einen Rückwärtsgang. Der nach dem Zweitaktverfahren arbeitende Einzylinder-Glühkopfmotor mit Wasserumlaufkühlung übertrug seine Kraft auf die Hinterräder.

RECHTS UNTEN

Im Jahre 1936 wurde dieser hervorragend restaurierte Lanz D 7506 Ackerluft-Bulldog des Typs HN 3 gebaut, der über ein wassergekühltes Einzylinder-Glühkopf-Triebwerk mit 4733 ccm Hubraum und 25 PS bei 850 U/min verfügte. Der Bulldog konnte sowohl auf dem Acker als auch auf der Straße eingesetzt werden. Der Bediener hatte die Wahl zwischen sechs Vorwärts- und zwei Rückwärtsgängen für Maximalgeschwindigkeiten von bis zu 15,1 km/h. Auf ebener und trockener Straße betrug die Zugleistung im ersten Gang mehr als 20 t. Der Bulldog konnte mit unterschiedlichsten Brennstoffen wie Gasöl, Braunkohlenteeröl, Dieselöl, Paraffinöl, Pflanzenöl oder auch mit Benzin oder Tran betrieben werden. Als Sonderausrüstung waren Zapfwelle, Anbaumähbalken und eine motorische Reifenluftpumpe erhältlich. Die zwischen 20 und 25 PS angesiedelten mittelschweren Lanz-Bulldogs waren vor dem Krieg die am weitesten verbreiteten Ackerschlepper in Deutschland. Bis 1942 wurden insgesamt 33.600 Exemplare gefertigt.

LANZ
BULLDOG
6 km

ME
CE 237
Lanz Bulldog
Baujahr 1936

OBEN/UNTEN

Auch die großen Bulldogs der schweren Klasse wurden weiterentwickelt. 1934 kamen die Kühler-Bulldogs HR 7 mit 30 und HR 8 mit 38 PS auf den Markt, wobei deren Leistung sich immer auf die Dauer nicht aber auf die kurzfristige Höchstleistung bezog. Von diesen Klassen gab es Bulldogs in einfachen Dreigang-Ausführungen, gleichzeitig aber auch die sechsgängigen Ackerluft-Modelle, sowie Verkehrs- und Eil-Bulldog-Varianten. Am häufigsten wurden sowohl die Ackerluft-Ausführung als auch die sogenannten Kombi-Bulldog mit Elastikbereifung, welche für Feldarbeiten und auch Transportaufgaben gleichermaßen universell einsetzbar waren, montiert. 1936 wurde die PS-Angabe in den offiziellen Verkaufsunterlagen von Lanz vom Dauerleistungswert auf die jeweils mögliche Höchstleistung umgestellt. So wurde der bisherige Einzylinder-Glühkopfmotor des Typs HR 7 im D 8506-Modell (ursprünglich 30 PS) nunmehr mit 35 PS klassifiziert. Dem Motor standen 10266 ccm Hubraum zur Verfügung. Diese sehr verbreiteten Bulldogs baute das Mannheimer Werk bis 1954. Die obere Abbildung zeigt einen Lanz-D-8531-Eilbulldog in offener Ausführung mit Klappverdeck und 30 PS aus dem Jahre 1935. Das mit einem Sechsganggetriebe bestückte, etwa 3800 kg schwere Fahrzeug konnte 21,6 km/h erreichen und mehr als 25 t auf fester und trockener Straße im ersten Gang ziehen. Unten hingegen ist ein etwa drei Tonnen schwerer D 8506-Ackerluft-Bulldog aus der Nachkriegsfertigung des Jahres 1951 zu sehen, dessen Getriebe ebenfalls sechs Gänge besaß. Als größtmögliche Geschwindigkeit waren 17,7 km/h angegeben.

OBEN/UNTEN

Dieser 1940 gebaute Lanz Typ HR 7 und 35 PS starke D 8506 Ackerluft-Bulldog aus dem Jahre 1940 wurde von einem Sammler bis zur buchstäblich letzten Schraube originalgetreu wieder hergerichtet. Das Fahrzeug besitzt Klappgreifer, die es zu Fahrten auf weichen Untergründen befähigen. Außerdem wurde ein Allwetterverdeck mit Windschutzscheibe montiert. In den 30er Jahren konnte der Käufer Lanz Bulldogs mit Motorleistungen zwischen 20 und 55 PS wählen, wobei die kleineren Schlepper mit 4,7-l-Motoren, die der größeren Modelle ab 30 PS mit 10,3 l Hubraum ausgerüstet waren. Der D 8506 dieser Ausführung war mit einer ungefederten Vorderachse versehen. Zur Serienausstattung gehörten eine elektrische Anlage mit zunächst 6, später 12 Volt und eine Anlasszündung.

LANZ
BULLDOG
LANZ

LINKS
Hier wird ein weiterer restaurierter D 8506 Ackerluft-Bulldog mit 35 PS aus dem Jahre 1937 gezeigt. Serienmäßig war der D 8506 hinten mit 12,75-28-Ackerluftreifen bestückt. Diese in großen Stückzahlen auch noch nach Kriegsende bis weit in die 50er Jahre gefertigten Lanz-Bulldogs waren im rauen Alltagsbetrieb einfach, anspruchslos und wirtschaftlich.

RECHTS OBEN
Als Parallelentwicklung zum HR 7-Bulldog mit 30 bzw. 35 PS war der 38 bzw. 45 PS starke Typ HR 8 ebenfalls zu Beginn der 30er Jahre entstanden. Das in der HR-8-Baureihe angesiedelte, seit 1934 erhältliche D-9506-Ackerluft-Bulldog-Modell besaß den üblichen liegend angeordneten Glühkopfmotor mit 10.266 ccm Hubraum und 38 PS, der seine Leistung bei 540 U/min zur Verfügung stellte. Der Antrieb erfolgte auf die Hinterräder des 3170 kg schweren Gefährts. Mit seinem sechsgängigen Getriebe war der Bulldog bis zu 23,2 km/h schnell. Sein Neupreis lag 1936 bei 8400,- Reichsmark. Hier ist ein zu einem Verkehrsbulldog umgerüstetes Fahrzeug mit Kotflügeln, Wetterdach und Windschutzscheibe aus dem Jahr 1935 zu sehen.

UNTEN
Als neuer schneller 38-PS-Bulldog für Eiltransporte und schwere Lasten wurde der gleichzeitig mit dem Modell D 9506 im Jahre 1934 vorgestellte Lanz-HR-8-Typ D 9531 Eilbulldog in der offenen Grundausrüstung angeboten, den es mit einem Sechsganggetriebe gab. Darüber hinaus war der offen ausgeführte und mit einer Seilwinde bestückte Bulldog als D 9538 mit geschlossenem Führerhaus als D 9539 zu erwerben. In allen Ausführungen erreichten die Bulldogs im 6. Gang eine Maximalgeschwindigkeit von 25,2 km/h. Ab 1936 wurde die Leistung dieser Fahrzeuge mit 45 PS angegeben, was gleichzeitig die erreichbare Höchstleistung war. Dieses Eilbulldogmodell konnte Zugleistungen von mehr als 30 t im 1. Gang erbringen.

LINKS OBEN

Eines der letzten und stärksten Modelle der Lanz-Halbdieselreihe war das zwischen 1955 und 1956 im Verkaufsprogramm befindliche Modell D 3206 des Lanz-Typs HN, welches von einem wassergekühlten Einzylinder-Zweitakt-Mitteldruckmotor mit 3710 ccm Rauminhalt angetrieben wurde. Das Aggregat leistete 32 PS bei 900 U/min und der zwischen dem 28-PS-Modell D 2806 und dem D 3606 mit 36 PS angesiedelte Bulldog brachte 2270 kg Eigengewicht auf die Waage. Sechs Vorwärts- und zwei Rückwärtsgänge standen in dem kugelgeschalteten Getriebe zur Übertragung der Motorleistung auf die Hinterräder zur Verfügung. Dieser leistungs-

fähige Schlepper der kräftigen Mittelklasse, hier mit 11-38-Hinterradbereifung, wurde - wie alle anderen Modelle dieser glühkopflosen Reihe - mit Benzin gestartet um dann auf Dieselbetrieb umgestellt. Dieses Fahrzeug ist von 1955.

LINKS UNTEN

Zwecks Erweiterung des neuen Halbdiesel-Programms und als Ersatz für das Glühkopfmodell D 8506 wurde im Jahre 1953 der 36 PS starke Lanz D 3606 auf den Markt gebracht. Dieser zugkräftige Bulldog, der seine Motorleistung bei 1050 U/min erzeugte und über ein Eigengewicht von 2390 kg verfügte, entstand aus dem Lanz-Modell D 2806 und war mit umfangreichen Zusatzausrüstungen erhältlich. Der D 3606 besaß die einzelradgefederte Vorderachse des D 2806 und schwere 13-30 oder 11-38-Hinterreifen. Dieses schöne, mit Dach, Windschutzscheibe und 13-30-Hinterradbereifung ausgerüstete Exemplar wurde 1954 gebaut.

OBEN

Speziell auf die Mechanisierung auch kleinster bäuerlicher Betriebe abgestellt war das bei den Lanz-Werken erstmals in Halbrahmenbauweise konstruierte, zwischen 1956 und 1958 gebaute Modell D 1106, in das man einen von den Triumpf-Werken in Nürnberg bezogenen luftgekühlten Einzylinder-Zweitakt-TWN-Dieselmotor mit 533 ccm Hubvolumen und 11 PS Leistung bei 2500 U/min eingebaut hatte. Bei Lanz hatte die Erkenntnis, dass am Markt nunmehr auch in der leichten Schlepperklasse ausschließlich Fahrzeuge mit Dieselantrieb gefragt waren, zu der Entscheidung geführt, mittels dazugekaufter Fremdmotoren der Firmen MWM und TWN in dieser Klasse den Kundenwünschen gerecht zu werden. Zur Kraftübertragung stand ein Sechsganggetriebe zur Verfügung. Der nur 774 kg leichte und 17,6 km/h schnelle D 1106 wurde wegen seines geringen Gewichtes „Bulli“ genannt.

LINKS

Die Lanz-Werke hatten Mitte der 50er Jahre den Halbdiesel-Antrieb zum Volldieselmotor weiterentwickelt, der nun nicht mehr durch manuelle Starthilfen in Gang gesetzt, sondern mittels einer Vorglühanlage mit Glühkerze und Anlassermotor vom Fahrersitz aus gestartet werden konnte. Mit einer geradezu hartnäckigen, letztendlich in eine falsche Richtung gehende Konsequenz aber beharrten die Lanz-Konstrukteure weiterhin auf dem Einzylindermotor, was sich nicht zum Vorteil für das Unternehmen auswirken sollte. Die Modelle der Volldiesel-Generation unterschieden sich durch nach vorn aufklappbare Motorhauben sowie eine neukonstruierte Vorderachse von ihren Vorgängern. Im Rahmen dieser neuen nach dem Baukastenprinzip in Blockbauweise hergestellten HE-Reihe waren Modelle zwischen 16 und 28 PS lieferbar, die ab 1955 die leichten und mittleren Lanz-Halbdiesel ablösten. Der liegende Einzylinder-Zweitakt-Dieselmotor mit Wasserumlaufkühlung und Drehmomentregler des kleinsten Modells D 1616 konnte aus einem Hubraum von 2256 ccm 16 PS Leistung bei 850 U/min schöpfen. Leiser Lauf, große Standruhe und geringer Kraftstoffverbrauch waren die besonderen Merkmale dieser neuen Konstruktion. Das Sechsganggetriebe reichte für die Beschleunigung des 1260 kg schweren Schlepper auf maximal 18,6 km/h. Hier ein sehr schön restauriertes Modell mit Windschutzscheibe und Dach aus dem Jahre 1957.

LINKS OBEN/UNTEN

Das nächststärkere Modell in der neuen Reihe der Volldiesel-Bulldogs war das Modell D 2016, dessen Einzylinder-Dieselmotor gleichen Hubraums mit lastabhängigem Drehmomentregler seine größere Leistung durch Erhöhung der Drehzahl auf 950 U/min und durch eine erhöhte Fördermenge der Einspritzpumpe erreichen konnte. Der Schlepper zeichnete sich durch moderne Technik und eine formschöne, den gesamten Motor umschließende Haube aus und wies die gleichen Vorzüge wie das Modell D 1616 auf, wozu auch die lange Lebensdauer des nur mit einer nied-

rigen Tourenzahl betriebenen Motors zählte. Den schlanken und flachen Auspuff hatte man von den Halbdieselmodellen übernommen. Der D 2016 eignete sich sowohl als Ackerschlepper für Feld- als auch für Pflegearbeiten. Der 20-PS-Schlepper besaß das übliche Sechsganggetriebe, das den Geschwindigkeitsbereich von 3,2 bis 18,2 km/h umfasste, und er wog 1440 kg. Dieses sauber restaurierte Fahrzeug mit seinen serienmäßigen 7-36-Hinterreifen wurde 1955 gebaut. Bis 1960 verblieben die bewährten Volldiesel im Verkaufsprogramm der Firma Lanz.

OBEN

Aus dem Jahr 1957 stammt der hier gezeigte 24-PS-Lanz-Volldieselschlepper D 2416, der sich durch einen auf 2616 ccm gesteigerten Hubraum bei allerdings gleicher Drehzahl vom schwächeren D 2016 unterschied. Die sechs Vorwärtsgänge des Getriebes umfassten den Geschwindigkeitsbereich von 3,5 bis 20 km/h. Es war ein kräftiger Schlepper der Mittelklasse, dessen Zugleistung ausreichte, um auf jedem Boden mindestens mit einem zweischarigen Pflug arbeiten zu können. Gleichwohl konnte man ihn infolge seines geringen Gewichts von 1440 kg auch für Pflegearbeiten einsetzen. Die neue Vorderachse dieser Diesel-Baureihe war eine aus einer Rohrkonstruktion entstandene Portalachse, die Lanz bislang noch nicht verwendet hatte. Differentialsperre, Kriechgetriebe, Dreipunkthydraulik, eine kupplungsunabhängige Zapfwelle sowie die Möglichkeit des Frontladeranbaus und ein Mähwerk waren nur einige der erhältlichen Sonderausstattungen.

OBEN

Nachdem im Jahre 1956 der amerikanische Landmaschinen-Konzern John Deere infolge der hauptsächlich durch das starre Festhalten am mittlerweile technisch überholten Einzylindermotor eingetretenen Absatzkrise die Aktienmehrheit der Heinrich Lanz AG übernommen hatte, präsentierten sich auch die in Mannheim produzierten ehemaligen Lanz-Schlepper nach und nach in der grüngelben John-Deere-Hausfarbe, wie auch der hier abgebildete 1959 gebaute D 2016.
Im Jahre 1960 wurde deren Fertigung zugunsten neuer John-Deere-Lanz-Dieselschlepperkonstruktionen eingestellt. Bis heute entwickelten sich die Mannheimer John-Deere-Werke zum größten Hersteller und Exporteur landwirtschaftlicher Traktoren in Deutschland.

LINKS

Diese Abbildung zeigt einen weiteren, besonders für mittelgroße Betriebe geeigneten D-2416-Diesel-Bulldog, der im Jahre 1958 gebaut und noch in den traditionellen Lanz-Hausfarben blau und rot lackiert worden war. Ab September 1958 wurden diese durch die grün-gelben John-Deere-Farben ersetzt. Bereits kurze Zeit später ersetzte man auch den bekannten Namen „Lanz-Bulldog“ an den Traktoren durch die Bezeichnung „Lanz-Diesel“ und änderte diesen ab Januar 1960 erneut in „John-Deere-Lanz-Diesel“.

OBEN/UNTEN

Das Spitzenmodell der neuen Volldiesel-Schlepperreihe von Lanz war der Typ D 2816, der seine Leistung von 28 PS bei 1100 U/min aus dem üblicherweise nach dem Einzylinder-Zweitaktverfahren arbeitenden Motor mit 2616 ccm erzeugte. Gestartet wurde dieser trotz seiner relativ hohen Motorleistung nur 1585 kg schwere Bulldog durch eine elektrische Vorglühanlage. Sechs Vorwärts- und zwei Rückwärtsgänge standen dem Benutzer für Geschwindigkeiten zwischen 3,66 und 20,8 km/h zur Verfügung. Der Bulldog war mit 8-36-Hinterreifen ausgerüstet. Hier zwei Fahrzeuge aus dem Jahr 1956, wobei das oben gezeigte Modell mit Windschutzscheibe und Wetterverdeck ausgestattet ist.

OBEN

Nahezu zeitgleich mit der Übernahme der Aktienmehrheit durch den John Deere Konzern konnten die Heinrich Lanz Werke mit dem Volldiesel-Großbulldog D 4016 ihre letzte auf eigener Entwicklungsarbeit basierende Neukonstruktion vorstellen. Es war ein schwerer Universalschlepper mit einem völlig neukonstruierten Motor, der die nicht mehr ganz zeitgemäßen Halbdieselmodelle mit 32 und 36 PS ablöste und vor allem dort zum Einsatz gelangte, wo hohe Zugleistungen und/oder der Antrieb schwerer Zapfwellengeräte erforderlich waren. Besonders das Ziehen und Antreiben großer Mähdrescher und schwerer Vollerntemaschinen war die wichtigste Domäne des D 4016. Die zwei Glühkerzen des Einzylinder-Zweitakt-Dieselmotors mit 4220 ccm Hubraum sorgten dafür, dass auch unter erschwerten Bedingungen ein einwandfreies Startverhalten gewährleistet wurde. Eine gute Gewichtsverteilung, verbunden mit der großen 11-38 bzw. 13-30-Hinterradbereifung, verliehen dem Bulldog eine sowohl für schwere Feldarbeiten als auch für schwere Transportaufgaben notwendige gute Bodenhaftung und Zugleistung. Das Sechsganggetriebe mit zwei Rückwärtsgängen reichte für Geschwindigkeiten zwischen 3,5 und 19,5 km/h und konnte mit drei zusätzlichen Kriechgängen ausgerüstet werden. Für diesen 2650 kg wiegenden Volldiesel war eine leistungsfähige Dreipunkthydraulik als Sonderausrüstung erhältlich. Leider konnten bis zum Produktionsende im Jahre 1960 nur wenig mehr als 1000 Einheiten verkauft werden. Hier ein toprestauriertes, bereits als Lanz-Diesel bezeichnetes Exemplar mit 13-30-Hinterrädern aus dem Jahre 1959.

OBEN

Auf diesem Bild ist ein weiterer, noch als „Lanz-Bulldog" bezeichneter D 4016 mit 11-38-Hinterradbereifung in der Lanz-typischen blauen Lackierung von 1956, dem ersten Jahr, in welchem dieses neue Modell gefertigt wurde, zu sehen. Gut erkennbar sind der tiefliegende Schwerpunkt dieses schweren Schleppers bei vergleichsweise hoher Bodenfreiheit sowie die Muschelkotflügel über den hohen Hinterrädern. Die Motorhaube des D 4016 war nach vorne aufklappbar. Auf Sonderwunsch war das Modell mit einer Übersetzung von drei zusätzlichen Kriechgängen zwischen 1,3 und 2,7 km/h erhältlich. Der D 4016 besaß einen lastabhängigen Drehzahl-Regler, der die Einstellung einer bestimmten Drehzahl auch bei wechselnden Belastungen gewährleistete. Auch dieses Fahrzeug konnte mit nahezu allen erdenklichen Zusatz- und Anbaugeräten bestückt werden.

UNTEN

Als Ersatz für die letzten im Angebot befindlichen schweren, mittlerweile technisch überholten 45 und 55-PS-Glühkopf-Bulldog-Typen gab es im Rahmen des Lanz-Schlepperprogramms ab 1954 erstmals ein Großbulldog-Modell mit einem großvolumigen Halbdiesel-Mitteldruckmotor, das zusätzlich mit einem Kriechganggetriebe angeboten wurde. Ein Jahr später rundeten die Modelle D 5006 mit 50 PS und D 6016 das Angebot nach oben hin ab. Die leistungsstärkste Variante, der D 6016 mit 60 PS und Kriechgang-Getriebe, besaß einen Einzylinder-Zweitakt-Dieselmotor mit Wasserumlaufkühlung mit 7370 ccm Hubraum, der die angegebene Motorleistung bei 800 U/min erreichte. Ausgerüstet war das Modell mit neun Vorwärts- und drei Rückwärtsgängen, deren Geschwindigkeitsbereich zwischen 1,6 und 19,7 km/h lag. Mit seinem Eigengewicht von 3920 kg war dies schon ein gewaltiges Fahrzeug, das es auch unter der Bezeichnung D 6007 als schnelle Verkehrs-Bulldog-Ausführung gab. Die 60-PS-Bulldog-Ausführung war das Spitzenmodell der die Leistungsgrößen von 11 bis 60 PS umfassenden Lanz-Schlepperbaureihe. Abgebildet ist hier ein D 6016 mit Wetterverdeck und 13-30-Hinterradbereifung aus dem Jahr 1955.

RECHTE SEITE

Auf diesen Abbildungen wird ein restaurierter Lanz-Bulldog D 5016 mit Windschutzscheibe und Verdeck aus dem Jahre 1959 (im oberen Bild bei der Feldarbeit) gezeigt. Die Typenbezeichnung weist dieses Fahrzeug als ein solches mit Kriechgang-Getriebe aus. Der D 5016 leistete 50 PS bei 650 U/min aus einem Hubraum von 7350 ccm und das Getriebe besaß, die Kriechgang-Übersetzungen eingeschlossen, neun Vorwärts- und drei Rückwärtsgänge für Geschwindigkeiten zwischen 1,2 und 18,4 km/h. Auch dieser leistungsstarke Schlepper war mit 3520 kg Eigengewicht ein sehr schweres Fahrzeug. Der D 5016 besaß - wie alle Lanz-Schlepper der ausgehenden 50er Jahre - einen sehr vielseitigen Verwendungsbereich und eignete sich in der Kriechgangausführung auch für Lege- und Pflanzarbeiten. Hydraulischer Kraftheber, Differentialsperre und serienmäßig eingebaute kupplungsunabhängige Motorzapfwelle waren nun auch bei Lanz Selbstverständlichkeiten geworden, welche die Einsatzmöglichkeiten der Fahrzeuge sehr erweiterten. Die schweren 50- und 60-PS-Lanz-Halbdiesel-Modelle blieben auch nach Erscheinen der Lanz-Diesel-Typen bis zum Ende des selbständigen Lanz-Schlepperbaus im Verkaufsprogramm.

LANZ
BULLDOG
DN KC 282

LANZ

OBEN

Waren die Hela-Schlepper anfänglich in einer blassen Rot- und Grünlackierung ausgeführt, ging das Werk etwa ab Mitte der 50er Jahre zu einem kräftigen rötlichen Farbton über. Darüber hinaus hatte Hela mit unterschiedlichen, teils aus eigener Produktion stammenden, aber auch von MWM und Deutz bezogenen, überwiegend wasser- , vereinzelt auch luftgekühlten Motoraggregaten, viele verschiedene Typen zur Auswahl, die der Kunde auf Wunsch bekommen konnte. Der 1958 gebaute Hela-D-112 dieser Abbildung besaß ein wassergekühltes Einzylinder-Viertakt-Dieseltriebwerk mit 851 ccm Hubraum des Typs KD 12 E von MWM, das 12 PS bei 1980 U/min mobilisieren konnte. Über fünf Vorwärts- und einen Rückwärtsgang verfügte der 990 kg wiegende mit 7-24-Hinterradbereifung versehene Schlepper und es waren Geschwindigkeiten zwischen 3,4 und 20 km/h möglich.

RECHTE SEITE

Aus dem Hela-15-PS-Modell D 15 entstand 1959 als Weiterentwicklung der mit einem Motoraggregat eigener Konstruktion bestückte Typ D 415. Sein Einzylinder-Viertakt-Dieselmotor AE 1 erzeugte mit 1082 ccm Hubraum eine Leistung von 15 PS bei 1980 U/min. Das gleichfalls von Lanz in Aulendorf gebaute Getriebe besaß sechs Vorwärts- und zwei Rückwärtsgänge für den Geschwindigkeitsbereich zwischen 1,5 und 20 km/h. Während oben ein 1960 gebautes, in der grün-roten Lackierung gehaltenes Fahrzeug zu sehen ist, zeigt die untere Aufnahme einen ebenfalls mit Verdeck und Windschutzscheibe sowie heckseitig installierter Bandsäge ausgerüsteten roten D-415-Schlepper von Hela aus dem gleichen Jahr, dessen Motorhaube aber bereits in der aktualisierten Linienführung gehalten ist. Damals wurden im Baukastensystem erstellte Ein- bis Dreizylindermotoren für das Hela-Schlepperprogramm gefertigt. Trotz vielfältiger Bemühungen konnte sich die Marke Hela über den regionalen Bereich von Südwestdeutschland hinaus nicht durchsetzen und infolge der ungenügenden Verkaufszahlen musste sich das Unternehmen im Jahre 1978 aus dem Bereich der Schlepperfertigung zurückziehen.

15
EU
DE 270

MAN

LINKS

Die Maschinenfabrik Augsburg-Nürnberg AG nahm im Jahr 1921 erstmals den Bau eines motorisierten Ackergeräts, des mit einem 20/30-PS-Ottomotor ausgerüsteten Motorpflugs auf. Nach dieser Tragpflugkonstruktion, deren Fertigung 1924 endete, dauerte es bis zum Jahre 1938, bis mit dem sehr fortschrittlichen wassergekühlten Vierzylinder-Dieselschlepper des Typs AS 250 ein weiterer Traktor auf den Markt kam. Dessen Fertigung endete im Jahre 1944. Nach Kriegsende konnte im Jahre 1949 der Bau des Typs AS 325, des ersten Modells des legendären „Ackerdiesels“ aufgenommen werden, eines in rahmenloser Blockbauweise gefertigten Fahrzeugs, das mit einem mit halbkugelförmigen Brennräumen ausgestatteten wassergekühlten Vierzylinder-Direkteinspritz-Dieselmotor des Typs D 8814 GS mit 2675 ccm Hubraum und 25 PS Leistung bei 1500 U/min bestückt war. Dieser Schlepper wurden vorzugsweise mit Allradantrieb als Ausführung AS 325 A verkauft und damit war MAN der erste Schlepperhersteller in Deutschland, der konsequent das Allrad-Prinzip zu verfolgen begann. Der allradgetriebene, überaus zugkräftige AS 325 A wog 1920 kg und war mit einem Fünfganggetriebe von ZF ausgerüstet. Hier ein Exemplar mit Windschutzscheibe und Dach aus dem Jahre 1949.

RECHTS OBEN

Auf diesem Bild wird ein weiterer, 1949 gefertigter und bestens restaurierter allradgetriebener MAN-Ackerdiesel des Modells AS 325 A vorgestellt, dessen Anhängelast auf ebener Straße bis zu 12 t betrug. Dieses sehr solide gefertigte und gut motorisierte Schleppermodell gehörte damals bereits zur gehobenen Mittelklasse unter den angebotenen Traktoren, und die Konstruktion wurde durch die DLG mit einer Silbermedaille ausgezeichnet. Die charakteristische grün-gelbe Farblackierung kommt bei diesem Fahrzeug gut zur Geltung.

KLEINES BILD UNTEN

Im Jahr 1950 entstand durch Leistungserhöhung um fünf PS und gleichzeitige Hubraumvergrößerung auf 2925 ccm aus dem Modell AS 325 der äußerlich nahezu identische AS 330, der sowohl mit Allrad- als auch mit Hinterradantrieb geliefert werden konnte. Auch hier standen wiederum fünf Vorwärts- und ein Rückwärtsgang zur Verfügung und die Spur des Schleppers war verstellbar. Wahlweise war dieses mit 11,25-24-hinterradbereifte MAN-Modell auch mit einem hydraulischen Dreipunkt-Kraftheber und mit Kriechgang für 1,8 km/h ausrüstbar.

OBEN/UNTEN
Diese Buchseite zeigt zwei weitere MAN-Ackerschlepper der frühen 50er Jahre. Während unten ein mit Windschutzscheibe und Dach ausgerüsteter, 1952 mit Allradantrieb gebauter MAN AS 330 A zu sehen ist, wird oben ein AS 325 H von 1951 gezeigt, dessen wassergekühltes Vierzylinder-Viertakt-Dieseltriebwerk mit 2675 ccm Hubvolumen 25 PS bei 1500 U/min erzeugte. Das Leergewicht dieses mit einer gefederten Vorderachse ausgerüsteten Modells betrug 2150 kg und ein Kriechgang für 1,8 km/h konnte als Zusatzausrüstung ebenfalls geordert werden.

RECHTS

Speziell für bäuerliche Kleinbetriebe wurde der zwischen 1953 und 1955 gefertigte MAN AS 718 entwickelt, in welchen ein von Güldner gebautes wassergekühltes Zweizylinder-Viertakt-Dieseltriebwerk des Typ 2 DN eingebaut werden musste, da im eigenen Hause ein Aggregat dieser Leistung nicht verfügbar war. Dieser Motor besaß den Hubraum von 1304 ccm und erzeugte 18 PS Leistung bei 1800 U/min. Das Modell war sowohl mit Allrad- als auch mit Hinterradantrieb erhältlich. Dieser Schlepper hatte das Getriebemodell A 8 der Zahnradfabrik Passau mit fünf Vorwärts- und einem Rückwärtsgang erhalten und sein Eigengewicht betrug in der Allradausführung 1520 kg. Ein kurzer Radstand und eine mit 40 cm beachtliche Bodenfreiheit sorgten für vielfältige Einsatzmöglichkeiten und gute Geländeeigenschaften. Zum Ende seiner Produktionszeit wurde dieses Modell als B 18 A/O angeboten. Auf dem Bild ist ein sauber restaurierter AS 718 A in Allradausführung von 1954 zu sehen.

LINKS

Über Hinterradantrieb verfügte dieser 1950 gebaute MAN AS 330 H, der hier in der Ausführung mit Windschutzscheibe und Dach abgebildet ist. Es waren schon beeindruckend schöne, stilistisch sauber gestaltete Ackerschlepper, die Nachkriegsmodelle von MAN, deren Kühlermasken große Ähnlichkeit mit denen der MAN-Lastwagen besaßen. Insbesondere die Allradtechnik war in den 50er Jahren eine Domäne der Schlepper dieses Herstellers, denn sie verband die Leistungsfähigkeit von Raupenschleppern mit den Vorzügen gummibereifter Fahrzeuge, wie höhere Geschwindigkeit, bessere Lenkbarkeit und Schonung von Straßen, Wegen und Böden.

M·A·N
Ackerdiesel
CEE·921

LINKS

Zwischen 1955 und 1957 befand sich das MAN-Allrad-Schleppermodell B 18 A in der Produktion, das mit dem nach dem M-Verfahren arbeitenden wassergekühlten Zweizylinder-Viertakt-Dieselmotor des Modells D 8515 M 170 mit 1304 ccm Rauminhalt und 18 PS bei 1800 U/min Leistung bestückt war und den B 18 A/0 mit Güldner-Motor ablöste. Bei dem von den MAN-Konstrukteuren seit 1954 in den Motoren der Lastwagen und Schlepper verwandten Mittenkugel-Verbrennungsverfahren wurde der Kraftstoff nicht wie herkömmlich unmittelbar in den Brennraum gespritzt, sondern mit Hilfe eines vor der Verbrennung künstlich erzeugten Luftwirbels gegen die Zylinderwand desselben gedrückt und dort kontrolliert gezündet. Dadurch erreichten die M-Motoren einen im Vergleich zu üblichen Dieseltriebwerken ruhigen und weichen Lauf, der das sonst typische „Nageln“ des Motors weitgehendst verhinderte und auch den Kraftstoffverbrauch verringerte. Sechs Gänge und ein Rückwärtsgang für Geschwindigkeiten zwischen 1,9 und 20 km/h standen diesem Modell zur Verfügung. Der für kleinere Betriebe vorgesehene Schlepper wog 1600 kg und war mit vielfältigen Anbaugeräten und auf Wunsch erhältlichen Sonderausrüstungen lieferbar.

RECHTE SEITE OBEN/UNTEN

Gleichfalls mit M-Motoren ausgerüstet waren die zwischen 1955 und 1956 gebauten MAN-Schlepper A 32 A (mit Allradantrieb) bzw. A 32 H, dessen Antrieb auf die Hinterräder erfolgte. Zum Einbau gelangte das direkteinspritzende vierzylindrige Viertakt-Dieseltriebwerk D 9614 M 1, das bei einem Hubvolumen von 3186 ccm 32 PS bei der Motordrehzahl von 1500 U/min erzeugte. In dem mit Allradantrieb 2170 kg wiegenden Schlepper arbeitete das ZP-Getriebe A 15 V mit sechs Vorwärtsfahrstufen und einem Rückwärtsgang, wodurch Geschwindigkeiten zwischen 1,8 und 20 km/h möglich waren. Auf trockener, ebener Straße konnten dem A 32 maximal 20 t zugemutet werden. Einen Kraftheber mit Drei- oder Vierpunktaufhängung gab es auf Wunsch. Während oben ein allradgetriebenes Exemplar zu sehen ist, zeigt das untere Foto einen Traktor, der über Hinterradantrieb verfügt. Beide Fahrzeuge entstanden 1955.

OBEN

Der in den Jahren 1955 und 1956 erhältliche schwere MAN-Typ C 40 war sowohl mit Vierrad- als auch mit Hinterradantrieb lieferbar. In diesen Schlepper wurde das nach dem M-Verfahren arbeitende wassergekühlte D-9614-M-2-Vierzylinder-Viertakt-Diesel-Triebwerk, das über 3186 ccm Hubraum und 40 PS bei 1800 U/min verfügte, installiert. Das Sechsganggetriebe war so abgestuft, dass in dessen höchster Gangstufe 28,3 km/h erreicht werden konnten. Für den 2120 kg schweren Schlepper konnte die Hinterradbereifung zwischen den Größen 10-28 und 11-28 gewählt werden. Der Wendekreis des C 40 war mit sechs Metern angegeben. Gezeigt wird hier ein 1956 gebauter, allradgetriebener C-40-A-Schlepper.

RECHTS

Das zu der Zeit schwerste Schleppermodell im MAN-Verkaufsprogramm war der von 1952 bis 1955 in der üblichen Blockbauweise gefertigte AS 440. Ihn gab es sowohl als vierradgetriebenen Traktor, wie auch mit Hinterradantrieb. In beiden Varianten wurde der Vierzylinder-Viertakt-Dieselmotor D 9214 Z (dieser arbeitete noch nicht nach dem M-Verfahren) mit 2926 ccm Hubraum und 40 PS Leistung bei 2000 U/min verbaut. Das Leergewicht des Schleppers mit sechs Vorwärts- und einem Rückwärtsgang des für Geschwindigkeiten zwischen 2,6 und 19,3 km/h ausgelegten Getriebes betrug 2100 kg. Ähnlich war die Ausführung AS 430, die allerdings nur 30 PS Motorleistung bei entsprechend niedrigerer Drehzahl erzeugte. Hier ein vorzüglich restaurierter AS 440 A mit Windschutzscheibe und Dach aus dem Jahre 1953.

RECHTS/OBEN

Gleichfalls über Vierradantrieb verfügte der von 1956 bis 1957 gebaute Typ B 45 A, das seinerzeit stärkste MAN-Modell, in dem der Vierzylinder-Viertakt-Dieselmotor des Modells D 9624 M 114 wirkte. Dieser nach dem bei MAN üblichen M-Verbrennungsverfahren arbeitende Motor besaß 3186 ccm Hubraum und erzeugte seinen Höchstleistung von 45 PS bei einer Motordrehzahl von 2000 U/min. Das Eigengewicht des schweren Schleppers betrug 2860 kg und er war mit einem Siebenganggetriebe mit unterschiedlichen Übersetzungen (in der Schnellgang-Ausführung waren 30,7 km/h erreichbar) und als Sonderwunsch mit drei zusätzlichen Kriechgängen ausrüstbar. Eine gleichfalls als Sonderbestückung erhältliche unabhängige Zapfwelle gewährleistete einen durch unmittelbare Kraftübertragung vom Schaltvorgang völlig unabhängigen Betrieb. Seilwinden mit unterschiedlichen Zugkräften, Druckluftanlage, Frontlader, Schneepflug, Planierschild und eine hydraulische Fernbedienung für angehängte Geräte bilden nur eine Auswahl der in großer Vielzahl erhältlicher Zusatzgeräte und Einrichtungen, die auf die unterschiedlichen Verwendungsmöglichkeiten in Land- und Forstwirtschaft abgestimmt waren. Die auf dieser Buchseite abgebildeten 1957 gebauten Fahrzeuge des Typs besitzen eine unterschiedliche Hinterradbereifung.

OBEN

Ein leistungsfähiger Traktor für mittelbäuerliche Betriebe war der seit 1956 erhältliche allradgetriebene MAN-Schlepper 4 N 1, der sich durch eine neue, nur noch zwei Zylinder umfassende Motorbauart auszeichnete. Bei einem Hubraum von 1964 ccm entwickelte dieses nach dem Mittenkugel-Brennverfahren arbeitende Triebwerk eine Leistung von 30 PS bei 2000 U/min. In dem 1950 kg wiegenden Schlepper sorgte ein Fünfganggetriebe der Zahnradfabrik Friedrichshafen mit drei zusätzlichen Kriechgängen für den Geschwindigkeitsbereich von 0,99 bis 20 km/h. Seine großen Kraftreserven ermöglichten das einwandfreie Arbeiten mit schweren zapfwellengetriebenen Geräten. Zu diesem Zweck war eine unabhängige Motorzapfwelle eingebaut. Ein hydraulischer Kraftheber mit Dreipunktkupplung, Mähwerk und anderes Zubehör war für diesen mit unterschiedlicher Hinterradbereifung erhältlichen Schlepper ebenfalls zu bekommen. Er konnte auf ebener Straße eine Anhängelast von 18 t ziehen. Hier ein sauber restaurierter Traktor eines belgischen Sammlers.

RECHTS

Das größte MAN-Modell war der zwischen 1957 und 1960 gebaute schwere, 3160 kg wiegende Allradschlepper 4 S 2, der mit einem direkteinspritzenden wassergekühlten Vierzylinder-Viertakt-M-Motor mit 3473 ccm Hubvolumen und 50 PS Leistung bei 1900 U/min ausgerüstet war. Das ZP-A-20/18-II-Getriebe besaß sieben Vorwärtsgänge, einen Rückwärtsgang und drei zusätzliche Kriechgänge für Maximalgeschwindigkeiten (je nach Übersetzung) von bis zu 29 km/h. Dieses überaus zugkräftige Modell konnte auf ebener Straße bis zu 35 t Anhängelast ziehen und wurde auch bevorzugt mit Seilwinde in der Forstwirtschaft zum Holzrücken eingesetzt. Gleichwohl besaß dieser auf allen vier Rädern angetriebene Schlepper eine hervorragende Geländegängigkeit, sichere Bodenhaftung und große Steigfähigkeit, sodass er auch für die schwersten auf landwirtschaftlichen Großbetrieben vorkommenden Arbeitsaufgaben ohne weiteres verwendet werden konnte. Auf diesem Bild ist ein schön restaurierter 4 S 2 mit Windschutzscheibe und Dach aus dem Jahre 1959 zu sehen.

UNTEN

Mit 40 PS Motorleistung ebenfalls ein überaus leistungsfähiger allradgetriebener Schlepper war das MAN-Modell 4 R 2, der gleichfalls mit einem nach dem M-Verfahren arbeitenden wassergekühlten Vierzylinder-Viertakt-Dieselmotor mit 3473 ccm Hubraum fortbewegt wurde und seine Leistung bei 1800 U/min mobilisierte. Das Getriebe entsprach mit sieben Vorwärtsgängen bis auf die vier in diesem Fall vorhandenen Kriechgänge dem des stärkeren Modells 4 S 2. Dieser starke Schlepper wog 2640 kg und bewegte bis zu 27 t Anhängelast auf ebener Straße. Dieses erst vor kurzem in Belgien frisch restaurierte Fahrzeug ist von 1959.

OBEN/UNTEN

Mit dem Modell 2 F 1 wurde im Jahre 1958 erstmals bei MAN ein mit einem luftgekühlten M-Triebwerk ausgerüsteter Tragschlepper mit großer Bodenfreiheit angeboten. Dieser Kleinschlepper mit seiner schmalen, abgerundeten Haube besaß den zweizylindrigen D-7502-M-178-Dieselmotor mit 884 ccm Hubraum und einer Leistung von 14 PS bei 2300 U/min. In diesem 880 kg wiegenden Fahrzeug arbeitete das ZF-A-4-Getriebe mit sechs Vorwärts- und zwei Rückwärtsgängen. Dessen Geschwindigkeiten reichten von 1,4 bis 19,9 km/h und der erste Gang war gleichzeitig als Kriechgang ausgebildet. Es war ein Schlepper, der durch seine Einmann-Bedienmöglichkeiten eine rentable Mechanisierung landwirtschaftlicher Kleinbetriebe ermöglichen sollte. Er war sowohl für die Verwendung von Heck- als auch von Zwischenachsgeräten gleichermaßen geeignet und für Pflanz- und Pflegearbeiten war seine Spur verstellbar. Für die Arbeit mit Heckgeräten war ein hydraulischer Kraftheber mit Dreipunktkupplung als Zusatzausrüstung vorhanden. Auch eine Schmalspurausführung, die sich speziell für Einsätze in Plantagen und im Weinbau eignete, war erhältlich. Während die obere Abbildung einen solchen, 1961 gebauten schmalspurigen Kleintraktor zeigt, ist unten ein 2 F 1 in der Normalausführung mit Wetterdach zu sehen.

RECHTS

Ein Schlepper der Mittelklasse mit Hinterradantrieb, verkürztem Radstand und geringerer Bodenfreiheit war der zwischen 1958 und 1960 als Exportmodell im MAN-Verkaufsprogramm befindliche Typ 2 L 3, der über ein Zweizylinder-Viertakt-Dieseltriebwerk des Modells D 9532 M 180 mit 1843 ccm Hubraum und 25 PS Motorleistung bei 1800 U/min verfügte. Das Getriebe war mit sechs Vorwärts- und einem Rückwärtsgang ausgestattet, wobei der erste Gang für Kriechgeschwindigkeiten ausgelegt war. Sein Eigengewicht betrug 1370 kg und die maximale Anhängelast 17 t auf ebener, fester Straße. Der Traktor dieser Abbildung wurde 1960 gebaut.

UNTEN

Der nicht zuletzt durch die eher uneinheitliche Modellpolitik hervorgerufene Zwang zur Rationalisierung führte bei den MAN-Werken dazu, dass seit Beginn der 60er Jahre Traktoren im Baukastenprinzip mit unterschiedlichen Leistungen der wassergekühlten Motoren zwischen 18 und 45 PS angeboten wurden, bei denen eine Vielzahl gleicher und damit austauschbarer Baugruppen vorhanden waren. Eingebaut wurden Triebwerke mit zwei, drei und vier Zylindern in die unterschiedlichen Modelle. Alle Fahrzeuge gab es sowohl mit Allrad- als auch mit Hinterradantrieb. Aus dieser Reihe stammte auch das hinterradbetriebene Modell 2 N 1, das einen zweizylindrigen 28-PS-M-Motor mit 1670 ccm Hubraum besaß, der seine Leistung bei 2000 U/min abgeben konnte. Er war mit acht Vorwärts- und vier Rückwärtsgängen, die in drei Schaltgruppen aufgeteilt waren, ausgerüstet. Dieses Exemplar entstand im Jahre 1962.

LINKS/OBEN

Das allradgetriebene Modell 4 P 1 von MAN entstand 1960 und blieb bis 1963 in Produktion. Dieser Schlepper gehörte gleichfalls zu der neuen, im Baukastenprinzip konstruierten, letzten MAN-Reihe und besaß ein dreizylindriges, nach dem M-Verbrennungsverfahren mit direkter Kraftstoffeinspritzung arbeitendes wassergekühltes Viertakt-Dieseltriebwerk mit 1917 ccm Hubraum, welches 35 PS bei 2400 U/min erzeugen konnte. Er besaß das ZF-A-210-Getriebe mit in drei Schaltgruppen unterteilten acht Vorwärts- und vier Rückwärtsgängen, welche - einschließlich Kriechgang - für Fahrgeschwindigkeiten zwischen 1,1 und 18,4 km/h reichten. Ebenso konnte eine schnelle Übersetzung für maximal 29 km/h Höchstgeschwindigkeit eingebaut werden. Serienmäßig war ein an drei Punkten gekuppelter hydraulischer Kraftheber vorhanden. Frontlader, Mähwerk, Riemenscheibe, sowie Seilwinden für 3,5 oder 4 t und ein abnehmbares Wetterdach mit Fronteinstieg und Panoramawindschutzscheibe waren neben anderen Zusatzausrüstungen für den 1920 kg wiegenden 4 P 1 auf Wunsch erhältlich. Dieses schöne Allradschleppermodell mit Wetterdach ist von 1961.

KLEINES BILD MITTE

Eine ausgesprochen schöne und schnittige Formgebung vermittelt der 1959 erstmals lieferbare mittelschwere MAN-Allradschlepper 4 L 1 mit 25 PS, der mit einem zweizylindrigen kraftstoffsparenden M-Dieselmotor mit 1842 ccm Hubraum bestückt war, welcher die angegebene Leistung bei 1800 U/min zur Verfügung stellen konnte. Das Getriebe besaß sechs Vorwärts- und einen Rückwärtsgang, wobei die erste Gangstufe gleichzeitig als Kriechgang für 1,62 km/h ausgebildet war. Der in seiner Spurweite verstellbare Schlepper wog 1580 kg und konnte eine maximale Anhängelast von 17 t ziehen. Der 4 L 1 hatte vorn die Reifengröße 6-20- und hinten 8-32 als Standardbereifung und erreichte mit 20 km/h seine Endgeschwindigkeit. Dieses Fahrzeug ist von 1960.

GROSSES BILD OBEN

Das schwerste und zweifellos beeindruckendste MAN-Modell der letzten Bauserie war der seit 1961 im Verkaufsprogramm befindliche hinterradgetriebene Typ 2 R 3 in Halbrahmenbauweise, den es auch als 4 R 3 in einer Allradversion gab. Beide Schlepper besaßen den leistungsstarken Vierzylindermotor des Typs 8614 M 3 mit Direkteinspritzung und 2560 ccm Hubraum, der 45 PS bei 2200 U/min abgab. Das mit acht Vorwärts- und vier Rückwärtsgängen ausgebildete A-216-Getriebe der Zahnradfabrik Friedrichshafen war je nach Verwendungszweck wahlweise für Endgeschwindigkeiten von 19 oder 27 km/h, die letztere Ausführung mit Schnellgang übersetzbar. Auch für diesen in der Hinterradausführung 2350 kg wiegenden Schlepper war die Palette des als Zusatzausrüstung erhältlichen Geräteprogramms sehr umfangreich. Letztendlich aber konnte auch die neue technisch hervorragend konzipierte Bauserie die MAN-Werke nicht vor der Einstellung ihrer Schlepperfertigung im Jahr 1964 bewahren. Auf dieser Abbildung wird ein sauber restauriertes Modell 2 R 3 mit Hinterradantrieb gezeigt.

Normag

OBEN

Die seit 1938 unter dem Namen Normag firmierende Nordhäuser Maschinenbau GmbH in Nordhausen/Harz konnte, als sie sich im gleichen Jahr auch der Herstellung von Ackerschleppern zu widmen begann, bereits auf ein hundertjähriges Bestehen zurückblicken. Zunächst war dies der mit einem wassergekühlten Zweizylinder-Viertakt-Dieselmotor mit 2120 ccm Hubvolumen von MWM bestückte Universalschlepper NG 22, der bei einer Drehzahl von 1500 U/min 22 PS erzeugte und dessen Getriebe und Hinterachse zu einem Block vereint waren. Der 1800 kg schwere Schlepper besaß ein Vierganggetriebe eigener Produktion für Fahrgeschwindigkeiten zwischen 3,2 und 17,5 km/h, eine gefederte Vorderachse und eine Doppelsitzbank, und er war auf Kundenwunsch auch mit einem Wetterdach erhältlich. Dieses Modell fand in der 22-PS-Einheitsklasse auch im Rahmen des Schell-Planes Berücksichtigung. Als Gesamtanhängelast konnten bis zu 15 t gezogen werden. Dieses Bild zeigt einen NG 22 von 1942.

LINKS UNTEN

Mit dem 15, später 17 PS starken einzylindrigen Zweitakt-Dieselmotor des Normag-Typs BM 15 C mit Wasserkühlung und 1282 ccm Hubraum war das seit 1950 im Angebot befindliche, auch als Faktor I bezeichnete, leichte Modell F 16 mit 1224 kg Eigengewicht ausgerüstet. Auch dieser Schlepper besaß ein Fünfganggetriebe eigener Herstellung, das für Geschwindigkeiten zwischen 2,6 und 19 km/h ausgelegt war. Die Spurweite des F 16 war in drei Stellungen veränderbar. Hier ist Exemplar aus dem Jahre 1954 mit Mähwerk und Zweischarpflug zu sehen.

RECHTS OBEN

Einen weiteren überaus schön restaurierten Normag-Schlepper des Modells Faktor I von 1951 zeigt diese Abbildung. Das Modell war mit vier unterschiedlichen Hinterreifengrößen erhältlich. Reichhaltiges Zubehör, wozu auch der hydraulische Normag-Zapfwellenkraftheber zählte, konnte geordert werden. Neben der wassergekühlten Motorvariante war auch eine solche mit Luftkühlung lieferbar.

UNTEN

Unter der Bezeichnung K 12 a bzw. Kornett I gab es seit 1953 ein Kleinschleppermodell als Blockkonstruktion bei Normag. Es besaß den mit einer Gebläseluftkühlung bestückten Einzylinder-Zweitakt-Dieselmotor des Typs L 114/12 B-1 von Normag mit 1282 ccm Hubraum und 12 PS Leistung bei 1500 U/min. Das mit einer Differentialsperre ausgerüstete Getriebe verfügte über fünf Vorwärts- und einen Rückwärtsgang mit Geschwindigkeiten zwischen 2,4 und 17,9 km/h. Dieser Kornett I wurde 1956 gebaut. Nach rückläufigen Absatzzahlen im Jahre 1957 musste die Schlepperproduktion bereits wieder aufgegeben werden.

PORSCHE

OBEN

Zu den Traktoren der mittelschweren Größenklasse zählte der seit 1957 produzierte Porsche-Diesel Standard, den es auch in einer schmalspurigen Variante gab. Dieses Modell besaß einen zweizylindrigen Viertakt-Dieselmotor mit 1644 ccm Rauminhalt und Gebläseluftkühlung sowie Thermostatregelung. Der Motor leistete 25 PS bei 2000 U/min und war mit dem fünfgängigen Allgaier-Getriebe verblockt. Es war möglich, den Standard mit Fahrgeschwindigkeiten zwischen 2,6 und 20 km/h zu bewegen. Er verfügte über Differentialsperre und einzelradgefederte Vorderachse und wog 1347 kg. Diese Abbildung zeigt einen Porsche-Diesel Standard des Baumusters S 218 in Schmalspurausführung von 1960.

UNTEN

Die auch äußerlich sehr ansprechend geformten Schlepperkonstruktionen des Prof. Ferdinand Porsche wurden zu Beginn der 50er Jahre zuerst von der Firma Allgaier realisiert und kamen am Markt hervorragend an. Als dann Erwin Allgaier, der Firmeninhaber, die dringende Erweiterung seiner Fertigungsanlagen nicht für sinnvoll hielt, verkaufte er im Jahre 1956 den Schlepperteilbereich an die von der Mannesmann AG gegründete Porsche-Diesel-Motorenbau GmbH in Friedrichshafen, die dann den Bau von Traktoren fortführte. Nun begann ein geradezu kometenhafter Aufstieg, denn bereits 1958 konnte Porsche einen sensationellen zweiten Platz in der deutschen Zulassungsstatistik für Traktoren einnehmen. Das kleinste Modell in der Produktpalette war der seit 1957 lieferbare Porsche 108 „Junior", der von einem Einzylinder-Viertakt-Dieselmotor mit 822 ccm Hubraum, Luftkühlung und 14 PS bei 2250 U/min angetrieben wurde. Der Junior verfügte über ein Getriebe der Zahnradfabrik Friedrichshafen mit sechs Vorwärts- und zwei Rückwärtsgängen und brachte 875 kg auf die Waage. Die unterschiedlichen Getriebeübersetzungen ließen Geschwindigkeiten zwischen 1,8 und 19,9 km/h zu. Auf Kundenwunsch gab es eine Dreipunkt- oder Vierpunkthydraulik. Hier ist ein Junior in der Standard-K-Ausführung mit 8-24-Hinterradbereifung aus dem Jahre 1959 zu sehen.

OBEN LINKS

Nach Übernahme der Schlepperfertigung durch die Porsche GmbH wurde das bewährte Allgaier-Typenprogramm, das Fahrzeuge zwischen 12 und 44 PS anzubieten hatte, zunächst nahezu unverändert weitergebaut. Lediglich der bisherige Schriftzug „Allgaier-Porsche" wurde durch die Bezeichnung „Porsche-Diesel" ersetzt. Zu diesen Modellen gehörte auch der mit einem luftgekühlten Zweizylinder-Viertakt-Dieseltriebwerk mit 1531 ccm Hubraum motorisierte 1255 kg schwere Typ AP 18, der 18 PS bei 1950 U/min leistete. Dessen Getriebe besaß fünf Vorwärtsgänge und einen Rückwärtsgang. Die Fahrgeschwindigkeiten lagen zwischen 2,6 und 20 km/h. Auf diesem Bild wird ein 1957 gefertigter AP 18 gezeigt.

OBEN

Der Porsche-Diesel Standard des Baumusters 218 mit 25 PS ging aus dem 22 PS starken Modell P 122 hervor. Der luftgekühlte Standard wurde mit einer ölhydraulischen Kupplung ausgerüstet und war vor allem in mittelbäuerlichen Betrieben vielseitig verwendbar und stückzahlmäßig weit verbreitet. Dieses Modell besaß drei Zapfwellen, und zwar eine für das Getriebe, eine kupplungsunabhängige Motorzapfwelle vorn und eine gangabhängige Wegezapfwelle. Mit diesen unterschiedlichen Kraftabgabestellen war er zum Antrieb aller erdenklichen Arbeitsgeräte und Maschinen geeignet. Auch der Frontladeranbau war möglich. Mittels einer sogenannte Hydrostop-Einrichtung, die aus einer am Lenkrad anzubringenden Steuersäule bestand, konnte der Schlepper als Arbeitsmaschine auch von außerhalb bedient werden, ohne dass ein Fahrer auf dem Schlepper saß. Durch die mögliche Anbringung von Zusatzgewichten sowohl über der Vorderachse als auch an den Hinterrädern war der Schlepper gewichtsvariabel und sein Gesamtgewicht von 1625 kg konnte im Bedarfsfalle um etwa 40 % erhöht werden. Hier ist ein tadellos restauriertes Fahrzeug aus dem Jahre 1959 zu sehen.

UNTEN

Seit dem Jahr 1960 wurde der Porsche-Diesel Super L der Bauart L 319, ein Schlepper der schweren Klasse, im Werk Friedrichshafen gebaut. Dieses leistungsstarke und sehr robuste Modell besaß ein luftgekühltes Dreizylinder-Viertakt-Dieseltriebwerk eigener Fertigung mit 2625 ccm Hubraum und 40 PS Leistung bei 2300 U/min. Acht Vorwärts- und vier Rückwärtsgänge für Fahrgeschwindigkeiten zwischen 1,2 und 20 km/h standen als Übersetzungen des in drei Schaltgruppen unterteilten ZF-Getriebes zur Verfügung. Mit der schon seit Jahren bei Porsche verwendeten ölhydrau-

lischen Kupplung konnte in jedem Gang angefahren werden. Das Zubehör für den im Leerzustand 2000 kg wiegenden Schlepper war sehr umfangreich. So war - wie in dieser Abbildung, die ein Fahrzeug von 1962 zeigt - ein Frontlader anbaubar. Auch ein heizbares Allwetter-Verdeck mit großer Vollsichtscheibe war erhältlich. Die standardmäßige Hinterradbereifung hatte die Größe 11-36.

OBEN
Das Vormodell des seit 1957 gebauten Porsche Diesel Super war der Typ P 133, der besonders gern von mittleren und großen Betrieben beschafft wurde. Bestückt war dieser schwere Schlepper mit einem Dreizylinder-Viertakt-Allgaier-Porsche-Dieselaggregat mit Luftkühlung, 2467 ccm Hubraum und 33 PS Leistung bei 2000 U/min. Das Getriebe hatte fünf Vorwärts- und einen Rückwärtsgang sowie einen zusätzlichen Kriechgang. Damit konnte der 1630 kg schwere Schlepper mit Fahrgeschwindigkeiten zwischen 1,3 und 20 km/h bewegt werden. Eine Verstellung der Spurweite für Pflanz- und Pflegearbeiten war ebenfalls möglich. Auch bei diesem Modell war das erhältliche Zubehör sehr reichhaltig. Dieser restaurierte P 133 von 1956 hinterlässt einen ausgezeichneten Eindruck.

GROSSES BILD UNTEN

Das Modell Porsche Diesel Super mit 38 PS wurde seit 1957 produziert. Dieser Typ wurde von dem üblicherweise mit Gebläseluftkühlung ausgestatteten in Reihe angeordneten Dreizylinder-Viertakt-Dieselmotor mit 2467 ccm Hubvolumen und einer Leistung von 38 PS bei 2000 U/min angetrieben. Das Getriebe eigener Fertigung konnte auf sechs Vorwärtsgänge und einen Rückwärtsgang zurückgreifen, wobei Geschwindigkeiten zwischen 1,3 und 20 km/h möglich waren. Der Wendekreis des zur gehobenen Klasse zählenden 1625 kg schweren Schleppers betrug 7,20 m. Dieses erstklassig restaurierte Exemplar ist von 1958 und lässt die beeindruckend schön geschwungene Motorhaube des Porsche-Schleppers gut zur Geltung kommen.

KLEINES BILD RECHTS

Der Porsche Diesel Standard Star, der mit zur letzten Neukonstruktion von Porsche zählte, war eine universell einsetzbare Arbeitsmaschine sehr moderner Konzeption mit hoher Zugleistung und vielseitigen Verwendungsmöglichkeiten, sowohl auf dem Acker als auch auf der Straße. Besonders wichtig war im Zuge der herrschenden Hochkonjunktur der Tatbestand, dass man den Standard Star speziell für die Einmannbedienung konzipiert hatte. Der Geräteanbau bei diesem Zug- und Tragschlepper konnte vorne, als Zwischenachsanbau in der Mitte oder auch hinten erfolgen. Der serienmäßig vorhandene Kraftheber war mit einem Raddruckverstärker ausgerüstet. Selbiger wirkte sich besonders beim Pflügen vorteilhaft aus, weil ein Teil des Pfluggewichtes auf die Hinterräder verlagert werden konnte. Ausgerüstet war der Standard Star mit Fronthydraulik, Frontzapfwelle, Wegezapfwelle und mit einem luftgekühlten Zweizylinder-Viertakt-Dieselmotor, der 30 PS bei 2300 U/min leistete. Das Achtganggetriebe des 1550 kg wiegenden Schleppers war in drei Schaltgrup-

pen unterteilt. Dieses Bild zeigt ein 1962 gebautes Fahrzeug mit Wetterdach und gewölbter Panoramafrontscheibe.

OBEN

Eine starke Mehrzweckmaschine war der Porsche Diesel Super B, dessen Einsatzbereich weniger in der landwirtschaftlichen Arbeit zu fin den war. Er wurde viel eher als Arbeitsmaschine, wie z.B. im Kommunal- und Baubereich, aber auch für den Straßen- und Tiefbau verwendet. Dieses kam auch durch die zur Verfügung stehenden Arbeitsgeräte zum Ausdruck. Für das auch als Baumuster B 309 bezeichnete Fahrzeug standen unterschiedliche Frontlader-Arbeitsgeräte für die Verwendung als Hydraulik-Bagger und viele verschiedene Greiferwerkzeuge, wie z.B. Lehm-, Drainage-, Schotter-, Mehrschalen- oder Rundholzgreifer zur Verfügung. Der überaus kraftvolle Super B besaß einen Dreizylinder-Viertakt-Dieselmotor mit 2625 ccm Hubraum und leistete luftgekühlt 40 PS bei 2000 U/min. Das Getriebe besaß fünf Vorwärtsfahrstufen und einen Rückwärtsgang für Geschwindigkeiten von 3,5 bis 27,1 km/h. Während vorn 7,50-18 Reifen verwendet wurden, hatten die Hinterreifen die Größe 13-30. Die ZF-Gemmer-Lenkung wurde mit hydraulischer Lenkhilfe geliefert, was die Bedienung dieser mit Zusatzausrüstung immerhin mit rund 4600 kg recht gewichtigen Arbeitsmaschine sehr erleichterte. Der Super B auf diesem Bild wurde 1960 gebaut.

RECHTS

Das Spitzenmodell im Porsche-Verkaufsprogramm aber war der Typ Master, dessen mit einem Radialluftgebläse gekühltes Vierzylinder-Viertakt-Dieseltriebwerk aus einem Hubraum von 3500 ccm 50 PS bei 2100 U/min herausholte. Sein Eigengewicht war mit 2100 kg hoch genug, um seine Kraft sicher auf den Boden bringen zu können. Der Master war eine starke, robuste und zugfeste Maschine auch für besonders schwere Arbeiten. Das Getriebe bestand aus acht Vorwärts- und vier Rückwärtsgängen, die in drei Schaltgruppen unterteilt waren. Auf Wunsch war auch eine Schnellgang-Ausführung mit bis zu 26 km/h Höchstgeschwindigkeit erhältlich. Nahezu alle erdenklichen Anbau- und Zusatzgeräte konnten angebracht werden. Der leistungsfähige

Kraftheber z.B. entwickelte eine Hubkraft von 1000 kg, sodass auch gewichtige Mehrscharpflüge und Maschinen mit großer Arbeitsbreite angebaut werden konnten. Dieses Bild zeigt einen Master von 1962 mit vorderer Riemenscheibe. Durch die ganz massiv auftretenden Verkaufseinbrüche zu Beginn der 60er Jahre wurde Porsche im Jahre 1962 zur totalen Einstellung der Schlepperproduktion gezwungen.

Primus

OBEN

1934 wurde der erste Ackerschlepper in der zwei Jahre zuvor gegründeten, in Berlin-Lichtenberg ansässigen Primus-Traktoren-Gesellschaft mbH konstruiert. 1938 stellte man das Bauern- und Universalschlepper-Modell P 22 vor, das mit dem wassergekühlten zweizylindrigen Viertakt-Dieselmotor F 2 M 414 von Deutz mit 2198 ccm Hubraum und 22 PS bei 1500 U/min bestückt war. Das Prometheus-Vierganggetriebe war mit dem Motor verblockt und für Geschwindigkeiten zwischen 3,4 und 15 km/h übersetzt. Die größtmögliche Anhängelast für den 1600 kg schweren Schlepper auf ebener und trockner Straße betrug 16 t. Differentialsperre, Riemenscheibe, Zapfwelle und Mähwerk waren auf Wunsch erhältlich. Als Standard-Ackerluftbereifung kam für die Hinterräder die Größe 8-20 zum Einbau. Hier ist ein vorzüglich restauriertes Exemplar aus dem Jahr 1940 zu sehen.

RECHTS OBEN

Nach Kriegsende wurde die frühere Miesbacher Niederlassung der Primus-Traktoren-Gesellschaft zu einem Schlepperwerk ausgebaut, sodass dort ab 1947 die Produktion von Traktoren fortgeführt werden konnte. Die im Jahre 1950 vorgestellte erste Neuentwicklung des Unternehmens, das Kleinschlepper-Modell P 15, besaß den wassergekühlten einzylindrigen MWM-Motor des Typs KDW 215 E mit 1178 ccm Hubraum und 15 PS Leistung bei 1500 U/min. Das Fahrzeug hatte ein ZF-Vierganggetriebe für Geschwindigkeiten von 4 bis 15 km/h und wog 1250 kg. Hier ein restauriertes Exemplar mit Mähbalken aus dem erstem Produktionsjahr.

UNTEN

1950 erschien das mittelschwere Primus-Modell PD 2, das mit dem wassergekühlten Zweizylinder-Viertakt-Dieseltriebwerk 2 D 120 eigener Herstellung mit 1870 ccm Hubraum und 20 PS Leistung bei 1500 U/min ausgerüstet war. Es stand ein Hurth-Getriebe mit Differentialsperre und fünf Vorwärts- und einem Rückwärtsgang für den Geschwindigkeitsbereich von 3,3 bis 20 km/h zur Verfügung. Die Spurweite dieses 1550 kg schweren Traktors war in drei Stellungen veränderbar, sodass dessen Einsatz auch als Pflegeschlepper erfolgen konnte.

Nachdem das Unternehmen noch 1954 mit einem umfangreichen Traktorenprogramm mit luft- und wassergekühlten Motoren aufwarten konnte, musste infolge der allgemeinen Absatzkrise in der deutschen Schlepperbranche die Produktion im Jahre 1958 eingestellt werden.

Schlüter

OBEN

Die in Freising bei München ansässige Motorenfabrik Anton Schlüter GmbH wurde 1899 gegründet und widmete sich zunächst der Herstellung stationärer Benzinmotoren. Erst 1937 erfolgte mit dem Modell DZM die Vorstellung des ersten Traktors, dem schon kurze Zeit später weitere Konstruktionen folgen sollten. Schon bald nach Kriegsende konnte deren Produktion wieder aufgenommen werden. Seit 1949 gab es das Kleinschleppermodell DS 15, dessen aus eigener Fertigung stammender stehend angeordneter, in Blockbauweise ausgeführter wassergekühlter Einzylinder-Viertakt-Dieselmotor mit einem beachtlich großen Hubraum von 1610 ccm über 17 PS Leistung bei 1500 U/min verfügte. Die Fahrgeschwindigkeiten des mit einem Fünfganggetriebe von ZF und serienmäßiger Differentialsperre bestückten Schleppers lagen zwischen 2,5 und 18,1 km/h. Der mit 1400 kg Eigengewicht für diese Leistungsklasse recht gewichtige und solide gebaute Schlepper konnte auf ebener Straße 8 t Anhängelast befördern. Diese Abbildung zeigt einen DS 15 aus dem Jahre 1953 mit der auf Wunsch erhältlichen gefederten, lederbezogenen Doppelpolstersitzbank.

RECHTS OBEN

1953 erschien das in Details überarbeitete Schlüter-Modell AS 15, eine preisgünstige Zugmaschine für den kleinbäuerlichen Betrieb. Der darin installierte Einzylinder-Viertakt-Dieselmotor mit Wasserkühlung des Modells ASM 15 A aus eigener Fertigung besaß 1508 ccm Hubraum, leistete 15 PS bei 1500 U/min und war mit einer Frostschutzsicherung versehen. Das Getriebe besaß fünf Vorwärtsgänge und einen Rückwärtsgang und war auf Wunsch auch mit einem zusätzlichen Kriechgang zu bekommen. Die Geschwindigkeiten lagen zwischen 1,5 und 18,6 km/h und

die Spurweite des AS 15 war mehrfach verstellbar. Auf Wunsch war ein hydraulischer Kraftheber für Drei- oder Vierpunkt-Geräteaufhängung erhältlich. Dieser 1200 kg wiegende Schlepper war universell verwendbar, sei es für Pflanz- und Pflegearbeiten, zum Pflügen, Getreidemähen, Grasmähen oder Kultivieren, aber auch für Zugarbeiten auf Feld oder Straße. Abgebildet ist ein Fahrzeug von 1953.

RECHTS UNTEN

Bereits 1948 konnte der Bau des mittelschweren Dieselschleppers DS 25 bei der Firma Anton Schlüter in Freising aufgenommen werden. Der wassergekühlte Schlüter-Viertakt-Dieselmotor ED 25 war mit zwei Zylindern und 3114 ccm Hubraum ausgestattet. Während seine Dauerleistung 25 PS betrug, konnte das Aggregat als Höchstleistung noch 3 PS zusätzlich bei einer Drehzahl von 1500 U/min mobilisieren. Der 1990 kg wiegende Traktor verfügte über ein Getriebe mit sieben Vorwärts- und zwei Rückwärtsgängen der Zahnradfabrik Passau und konnte natürlich mit einem zusätzlichen Kriechgang geliefert werden. Auf ebener Straße bewegte der DS 25 eine Anhängelast von 15 t. Riemenscheibe, Zapfwelle, Mähwerk, Kraftheber und Anhängeschiene zählten zu den teilweise serienmäßig eingebauten Zubehörteilen. Dieser DS 25 B ist von 1953.

OBEN

Der seit 1953 erhältliche AS 22 gehörte zur neuen Traktorbaureihe von Schlüter, welche die Leistungsbereiche von 15 bis 45 PS abdeckte. Für den bäuerlichen Mittelbetrieb als Universalfahrzeug gedacht war das Modell AS 22, welches über den werkseitig gefertigten wassergekühlten Zweizylinder-Viertakt-Dieselmotor des Typs ASM 22 mit 2355 ccm Hubraum verfügte. Dieser mobilisierte 22 Pferdestärken bei 1500 U/min. Das mit dem Motor verblockte Getriebe wies fünf Vorwärts- und einen Rückwärtsgang, auf Wunsch aber auch einen Kriechgang sowie eine Schnellgangübersetzung auf, womit der Geschwindigkeitsbereich von 1,6 bis 30 km/h abgedeckt wurde. Der AS 22 wog 1620 kg und verfügte serienmäßig über eine vordere Pendelstahlachse, die auf Wunsch auch durch eine Teleskop-Vorderachse ersetzt werden konnte. Die reguläre Hinterradbereifung - davon abweichende Größen waren ebenfalls lieferbar - wies die Größte 8-32 auf. Dank der günstigen Gewichtsverteilung auf Vorder- und Hinterachse waren beim AS 22 - ähnlich der übrigen Schlüter-Modelle - keine zusätzlichen Beschwerungsgewichte erforderlich. Diese Abbildung stellt einen AS 22 aus dem Jahre 1954 vor.

UNTEN

Als ein grundsolider und leistungsstarker Traktor für Acker, Wald und Straße erwies sich der in Blockbauweise konstruierte Typ AS 30 der Freisinger Motorenfabrik Anton Schlüter. Motorisiert war dieses Fahrzeug mit dem wassergekühlten Zweizylinder-Viertakt-Dieselaggregat ASM 30 von Schlüter, welches 3114 ccm Hubraum besaß und 30 PS Leistung bei 1500 U/min zur Verfügung stellen konnte. Serienmäßig war ein Getriebe mit sieben Vorwärts- und zwei Rückwärtsgängen eingebaut; gleichwohl gab es für den 2100 kg schweren Schlepper einen zusätzlichen Kriechgang oder ein Schnellganggetriebe, das für die beachtliche maximale Geschwindigkeit von 31,2 km/h sorgte. Auch die Bereifungsgrößen von Vorder- und Hinterrädern waren unterschiedlich. Serienmäßig hatte der AS 30 hinten 10-28-Reifen. Hier ist ein 1953 gebautes Modell in Hochradausführung mit Bandspeichenfelgen zu sehen. Die Spurweite war verstellbar und der hydraulische Kraftheber war für Drei- und Vierpunkt-Geräteaufhängung eingerichtet.

Drei oder vierscharige Pflüge waren für den AS 45 kein Problem. Er besaß das von Schlüter entworfene wassergekühlte Dreizylinder-Viertakt-Dieseltriebwerk ASM 45 mit 4830 ccm Hubraum, das 45 PS bei 1500 U/min mobilisieren konnte. Ein serienmäßiges Blockgetriebe mit Differentialsperre hatte fünf Vorwärts- und einen Rückwärtsgang. Auf Wunsch waren aber auch zwei Kriechgänge sowie eine Schnellgangübersetzung für maximal 30 km/h Fahrgeschwindigkeit lieferbar. Die Sonderausstattungen für diesen mit 3100 kg Leergewicht schweren Schlepper waren recht umfangreich. So standen beispielsweise ein ölhydraulischer Kraftheber, Forstseilwinden, Druckluft-Bremsanlage, Frontlader, Windschutzscheibe und Wetterdach auf Wunsch zur Verfügung. In jedem Fall zählte der AS 45 - hier abgebildet in der Ausführung als Straßenzugmaschine von 1955 - zu den eindruckvollsten Großschleppern der 50er Jahre. In den folgenden Jahrzehnten machte sich das Unternehmen mit besonders leistungsstarken Schleppern einen Namen.

OBEN

In der zweiten Hälfte der 50er Jahre erfolgte eine optische aber auch motorische Überarbeitung des Schlepperprogramms von Schlüter. Neben einigen wenigen luftgekühlten in der leichten Größenklasse angesiedelten Modellen setzte das Unternehmen aber primär weiter auf wassergekühlte Antriebsaggregate. Zu ihnen zählte auch das Modell AS 180, dessen Viertakt-Dieselmotoreinen Zylinder mit 1610 ccm Hubraum aufwies, der 18 PS bei 1500 U/min leistete. Das Schaltgetriebe verfügte über fünf Vorwärts- und einen Rückwärtsgang sowie über eine Differentialsperre. Auch in diesem Fall stand auf Wunsch ein langsamer Kriechgang zur Wahl. Die Übersetzung reichte für Geschwindigkeiten von 1,5 bis 18,3 km/h. Die große Bodenfreiheit dieses als Tragschlepper erstellten Modells ermöglichte auch den Zwischenachsanbau von Zusatzgeräten. Dieses sehr schön wiederhergestellte Fahrzeug ist von 1958.

RECHTS

Das schwere Schlüter-Modell AS 45 war als leistungsfähiger Ackerschlepper für große Flächenleistung auf großen Gütern und für den Einsatz von Mähdreschern und Vollerntemaschinen, aber auch als Zugmaschine für den gewerblichen Einsatz besonders geeignet.

WAHL

OBEN

Zu den kleinen Herstellern von Ackerschleppern mit einer nur regionalen Bedeutung zählte auch die 1922 gegründete Maschinenfabrik Karl F. Wahl aus Balingen/Württemberg, die sich zunächst dem Bau von Landmaschinen und Bandsägen widmete. 1935 wurde der erste mit einem MWM-Motor ausgerüstete Schlepper vorgestellt. Diesem Modell ähnelte der ab 1947 produzierte Typ W 46 weitgehend. Er verfügte über ein wassergekühltes nach dem Viertaktverfahren arbeitendes Zweizylinder-MWM-Dieseltriebwerk mit 2360 ccm Hubraum, das 22 PS bei 1500 U/min leistete. Der 1470 kg schwere Ackerschlepper besaß vorne ein Schutzgitter für Kühler und Lampen, und der Motor war mit einem ZF-Vierganggetriebe durch Blockbauweise verbunden. Dieses Bild zeigt einen Traktor von 1947.

OBEN

1953 löste das äußerlich modifizierte Modell W 22 bei Wahl den bisherigen Typ W 46 ab. Motorseitig hatte dieses neue Modell durch den Einbau des luftgekühlten MWM-Dieselaggregats AKD 12 Z mit 1810 ccm Hubraum und nunmehr 24 PS aus 2000 U/min ebenfalls eine Leistungssteigerung erfahren. Gleichzeitig wurde mit dem MWM-Motor KD 12 Z mit 1700 ccm Hubraum auch eine wassergekühlte Version in diesen Schlepper eingebaut. Das mit einer Differentialsperre versehene ZF-Getriebe gab es mit fünf Vorwärts- und einem Rückwärtsgang für Geschwindigkeitsübersetzungen zwischen 3,14 und 20 km/h. Das Eigengewicht dieses Schleppers betrug 1160 kg. Hier ist er in einer Ausführung aus dem Jahre 1953 zu sehen.

LINKS

Ab 1950 konnte die Firma Wahl mit neuen Schleppermodellen aufwarten, wozu auch das seit 1951 erhältliche Modell W 17 zählte. Dieser in Blockbauweise konstruierte Kleinschlepper besaß mit dem wassergekühlten Einzylindermotor des Typs KD 211 Z mit 1250 ccm Hubraum wiederum ein Antriebsaggregat von MWM, das 17 PS Leistung bei 2000 U/min aufwies. Das ZF-A-8-Getriebe verfügte über fünf Vorwärts- und einen Rückwärtsgang sowie über eine Differentialsperre. Damit konnte der 1155 kg leichte Traktor bis auf 20 km/h beschleunigt werden. Es standen ein mechanischer oder ein hydraulischer Kraftheber zur Verfügung. Diese Bild zeigt den 1953 gebauten Traktor eines belgischen Sammlers. 1962 wurde die Fertigung von Wahl-Traktoren endgültig eingestellt.

Wesseler

OBEN
Fast 30 Jahre lang konnte sich die Firma Heinrich Wesseler oHG, Schlepper- und Fahrzeugbau aus Altenberge/Westfalen regional am Schleppermarkt behaupten. 1936 wurde in dieser Landmaschinenfabrik der erste 12-PS-Ackerschlepper für den Eigenbedarf gebaut, welcher ab 1938 in Kleinserie weiterproduziert wurde. Ab 1948 begann das Unternehmen erneut mit dem Schlepperbau und bald stand ein umfangreiches Programm von mit wasser- oder luftgekühlten MWM-Motoren ausgerüsteten Traktoren unterschiedlicher Leistungsstufen zur Verfügung. Dazu gehörte auch das seit 1954 erhältliche 1500 kg wiegende Modell W 24 L mit einem zweizylindrigen luftgekühlten Viertakt-Dieseltriebwerk mit 1810 ccm Hubraum, das 24 PS bei 2000 U/min erzeugen konnte. Dieser Traktor wurde 1956 gefertigt.

OBEN

Aus dem Wesseler-Modell WL 18 mit 18 PS Motorleistung entstand im Jahre 1958 der Typ WL 20 E, der ebenfalls mit einem luftgekühlten Zweizylinder-MWM-Viertakt-Dieseltriebwerk mit 1400 ccm Hubraum und Direkteinspritzung bestückt war, der seine erhöhte Leistung von 20 PS bei 2200 U/min erzeugte. Dieses nur 980 kg wiegende Modell war somit ein vielseitig bewährter und leistungsstarker Schlepper für mittlere Bauernhöfe und ein Zweit- und Pflegetraktor für Großbetriebe. Seine Bodenfreiheit ermöglichte auch den Anbau von Zusatzgeräten zwischen den Achsen. Die Geschwindigkeiten reichten von 1,4 (im Kriechgang) bis zu 20 km/h in der sechsten Gangstufe. 1962 wurde der hier abgebildeten Schlepper gebaut.

LINKS UNTEN

Ebenfalls auf einem luftgekühlten MWM-Aggregat mit zwei Zylindern basierte der seit 1959 bei Wesseler gebaut Typ WL 26 E, aus dessen Viertakt-Dieseltriebwerk mit 2080 ccm Hubraum 26 PS Leistung bei 2000 U/min erzeugt wurden. Dieses in Blockbauart erstellte Modell hatte ein Eigengewicht von 1320 kg. Mittlerweile stand bei Wesseler eine Palette von Traktoren mit Leistungen von 14 bis 45 PS im Verkaufsprogramm. Seit 1959 wurden nur noch luftgekühlte MWM-Motoren in die Wesseler-Schlepper eingebaut. Auf diesem Bild wird ein Traktor aus dem Jahre 1959 vorgestellt.

OBEN RECHTS

Das bereits zur schwereren Leistungsklasse zählende und seit 1959 lieferbare Wesseler-Schlepper-Modell WL 230 E, das einen luftgekühlten Zweizylinder-Viertakt-MWM-Dieselmotor mit 2080 ccm Hubraum besaß, konnte 30 PS bei 2200 U/min abgeben. Dessen ZF-Schaltgetriebe verfügte über acht Vorwärts- und vier Rückwärtsgänge für Geschwindigkeiten zwischen 1,1 und 20 km/h. Der 1390 kg wiegende Traktor kam mit einem Wendekreis von 6,80 m aus. Es standen die üblichen und recht umfangreichen Ausrüstungsgegenstände und Anbaugeräte zur Verfügung, wozu u.a. drei Zapfwellen, aber auch die Möglichkeit des Frontladeranbaus zählten. Hier wird ein solches Fahrzeug aus dem Jahre 1962 gezeigt. Infolge der zu hohen Produktionskosten bei den nur in kleinen Stückzahlen gefertigten Traktormodellen war das Unternehmen auf dem hart umkämpften Inlandsmarkt nicht mehr konkurrenzfähig und musste sich 1966 aus diesem Marktsegment zurückziehen.

Zettelmeyer

OBEN

Die in Konz bei Trier ansässige, 1908 gegründete Maschinenfabrik und Eisengießerei Hubert Zettelmeyer AG wurde ursprünglich durch ihre Straßen-Dampfwalzen und späteren Motorwalzen bekannt, ehe sie 1936 ihren ersten rahmenlosen 20-PS-Ackerschlepper vorstellte. Im gleichen Jahr kam es zum Bau des Straßenschleppers Z 2, der auf Anhieb zu einem großen Erfolg wurde. Nicht zuletzt deshalb, weil dies das einzige rahmenlose Modell in seiner Leistungsklasse auf dem deutschen Markt war. Der Z 2 hatte zunächst einen Zweizylinder-Viertakt-Dieselmotor mit Verdampfungskühlung und 2041 ccm Hubraum des Typs F 2 M 313 von Deutz, welcher 20 PS bei 1500 U/min abgab. In diesen leichten, mit zwillingsbereiften Hinterrädern versehenen Straßenschlepper wurde ein Vierganggetriebe für Geschwindigkeiten zwischen 4 und 20 km/h montiert. Die Zugleistung des 2000 kg wiegenden Fahrzeugs betrug 10 t auf ebener und fester Straße. Das mit einer ledergepolsterten Sitzbank ausgerüstete und oftmals mit einem festen Fahrerhaus versehene Fahrzeug war bis weit in die 50er Jahre im leichten Straßengüterverkehr in den Städten recht verbreitet; dieser schön restaurierte offene Straßenschlepper stammt von 1936.

GANZ OBEN

Ab 1939 wurde ein wassergekühltes Deutz-Dieselaggregat mit 2198 ccm und zwei Zylindern in die Zettelmeyer-Schlepper installiert. Es leistete nun 22 PS bei 1500 U/min und fand auch im Ackerschlepper Z 1 Verwendung. Der in Blockbauweise konstruierte Z 1 wog 1500 kg und konnte mit einer maximalen Anhängelast von 12,5 t belastet werden. Zu den auf Wunsch erhältlichen Sonderausrüstungen zählten Zapfwelle, Riemenscheibe und Mähwerk, sowie eine Seilwinde für Einsätze in der Forstwirtschaft. Das selbst entwickelte Getriebe besaß vier Vorwärts- und einen Rückwärtsgang und ließ diesen Schlepper 16 km/h Höchstgeschwindigkeit erreichen. Ab 1942 wurde die Firma Zettelmeyer auch zum Bau von Holzgasschleppern herangezogen. Hier sehen wir einen mit Zweischarpflug und Mähwerk ausgerüsteten Z 1 von 1940.

LINKS

Während des Krieges erlitt das Werk in Konz schwere Zerstörungen. Daher konnte man erst 1949 den Bau von Schleppern erneut aufnehmen. Mit dem neuen Modell Z 1 versuchte man an die früheren Erfolge anzuknüpfen. Dieser Schlepper besaß eine abgerundete, modernisierte Motorhaube und gab damit ein für die damalige Zeit recht ansprechendes Erscheinungsbild ab. Er erhielt das zweizylindrige wassergekühlte Deutz-Triebwerk F 2 M 414 mit 2198 ccm Hubraum und 25 PS Leistung bei 1600 U/min. Das in dem 1650 kg wiegenden Schlepper verwendete Vierganggetriebe stammte dagegen aus eigener Fertigung. Die größtmögliche Geschwindigkeit des Z 1 lag bei 21 km/h. Vorn hatte der Schlepper 6-16 und hinten 9-24-Bereifung. Seine Verkaufszahlen waren aber so enttäuschend gering, dass man sich bereits 1951 genötigt sah, die Fertigung von Traktoren gänzlich einzustellen.

DANKSAGUNG

Es bedeutet für den Autor in zweifacher Hinsicht Freude, gerade diese Zeilen niederzuschreiben. Zum einen, weil damit das Manuskript fertiggestellt ist, zum anderen aber, um allen denjenigen Schlepper- und Traktorbesitzern ganz herzlich dafür zu danken, ihre Fahrzeuge in die gewünschte Fotoposition gefahren zu haben. Ohne ihre freundliche Unterstützung, Geduld und das Verständnis für meinen Wunsch, das Objekt der Begierde vor einem schönen Hintergrund und nicht mit Absperrband, Personen und den Ecken der danebenstehenden Schlepper garniert, abbilden zu können, wäre es sicherlich kaum möglich gewesen, das umfangreiche, in diesem Werk erstmals vorgelegte Bildmaterial in dieser aussagekräftigen Form zu erstellen. Dabei bitte ich aber um Verständnis, dass es aus Platzmangel völlig unmöglich ist, diese vielen Helfer, deren Namen mir oftmals unbekannt sind, in diesem Buch namentlich aufzuführen. Zum Schluss aber möchte ich meine Frau Helena erwähnen, die mich bei manchen der vielen Fotoexkursionen begleitet und tatkräftig unterstützt hat. Außerdem hat sie meine nahezu regelmäßigen Abwesenheiten an den Wochenenden während der überaus zahlreichen Fahrten in den Sommermonaten immer wieder geduldig ertragen. Für Mithilfe und Verständnis danke ich ihr ganz besonders.

ÜBER DEN AUTOR

Geboren am 14.12.1946 in Geesthacht, Kreis Lauenburg/Elbe, gelernter Buchhändler und passionierter Fotoamateur, entdeckte er bereits als Heranwachsender seine Begeisterung für alle Bereiche der technischen Historie. Bis Ende der 70er Jahre dokumentierte er die letzten Dampflokomotiven in Form aussagekräftiger Zug- und Landschaftsabbildungen an den Schienensträngen Deutschlands. Seit etwa 1980 gilt sein fotografisches Hauptinteresse vor allem historischen Lastkraftwagen und Feuerwehrfahrzeugen, bis er vor einigen Jahren sich zusätzlich den älteren Ackerschleppern zuwandte. Es ist das Bestreben des Autors, die von ihm abzulichtenden Fahrzeuge stets in einem ausgesuchten, vom Motiv her zumindest aber neutralen Umfeld ohne störendes Beiwerk abzubilden, was teilweise mit erheblicher Mühe und Aufwand verbunden ist. Seit 1987 veröffentlicht er gut recherchierte Bild/Textbände zu den oben genannten Themenkreisen; dieses hier ist sein erstes Werk über alte Traktoren. Udo Paulitz ist verheiratet und lebt in Duisburg.

BILBLIOGRAPHIE

Michael Bach, Die berühmtesten Traktoren aller Zeiten, Brilon 1994

Michael Bach/Wolfgang Wagner, Prospekte berühmter Traktoren 1914 - 45, Brilon 1997

Michael Bach/Wolfgang Wagner, Prospekte berühmter Traktoren der 50er Jahre, Brilon 1998

Michael Bach/Wolfgang Wagner, Prospekte berühmter Traktoren - Straßenschlepper, Brilon 1998

Nick Baldwin/Andrew Morland, Klassische Traktoren aus aller Welt, Stuttgart 1999

Armin Bauer, Schlepper, Stuttgart 1987

Armin Bauer, Allgaier-Schlepper, Münster 1994

Armin Bauer, Allgaier-Schlepper- u. Motoren-Prospekte, Obershagen 1998

Armin Bauer, Porsche Diesel Schlepper- u. Motoren-Prospekte, Obershagen 1999

Armin Bauer, Veteranen der Scholle, Münster 1995

Armin Bauer/Andreas Lüttmann/Klaus Tietgens, Schlüter Schlepper-Prospekte, Obershagen 1998

Michael Bruse, Eicher-Prospekte 1937 - 68, Köln 1997

Michael Bruse/Karel Vermoesen, Alle Traktoren von Eicher Band 1, Köln 1997

Michael Bruse/Karel Vermoesen, Alle Traktoren von Eicher Band 2, Köln 1998

John Carroll, Traktoren aus aller Welt, Erlangen o.J.

Die deutschen Ackerschlepper 1953, Obershagen 1996

Die deutschen Ackerschlepper 1955, Obershagen 1996

Johann Dittmer, Etienne Gentil, Johann Hood, Michael In het Panhuis, International Harvester 1908 - 1966, Obershagen 2000

Alfons Eggert/Hans W.Mattig, Aschendorffs Traktorenbuch, Münster 2000

H.M.Elema/E.Oosterhoff, Landbouwtractoren 1920 - 50, Doetichem 1998

H.M.Elema/E.Oosterhoff, Landbouwtractoren 1950 - 60, Doetichem 1998

Bernd Ertl, Die Deutz-Traktoren, Königswinter 2000

Heinz Flücht/Helmut Blum, Schlepper u. Anbaugeräte, Obershagen 1992

Wolfgang Gebhardt, Geschichte des deutschen Schlepperbaus Band 1 + 2, Stuttgart 1987

Wolfgang Gebhardt, Deutsche Ackerschlepper 1946 - 66, Stuttgart 1997

Wolfgang Gebhardt, Ackerschlepper Historische Dokumente Band 1, Stuttgart 1998

Wolfgang Gebhardt, Ackerschlepper Historische Dokumente Band 2, Stuttgart 2000

Horst-Dieter Görg, Hanomag-Schlepper 1912 - 71, Stuttgart 1997

Kurt Häfner, Lanz-Bulldog-Prospekte 1921 - 45, Murrhardt 1990

Kurt Häfner, Lanz-Bulldog-Prospekte 1952 - 62, Stuttgart 1995

Kurt Häfner/Rainer Bank, Fahr Dieselschlepper-Prospekte 1938 - 61, Stuttgart 1999

Kurt Häfner/Michael Karle, Hanomag Schlepper-Prospekte 1926 - 56, Stuttgart 1998

Kurt Häfner/Michael Karle, Eicher Schlepper-Prospekte 1950 - 70, Stuttgart 1999

Hubert Häusler, Lanz-Bulldog 1928 - 55, Stuttgart 1998

Jürgen Hummel, Schlepper-Klassiker, Stuttgart 1990

Jürgen Hummel, Schlepper-Klassiker Band 2, Stuttgart 1995

Jürgen Hummel, Typenbuch deutsche Feldkolosse, Stuttgart 1999

Jürgen Hummel, Typenbuch Feldkolosse, Stuttgart 2001

Gilbert Kremer, Fendt Schlepper-Prospekte 1930 - 66, Stuttgart 1997

Gilbert Kremer, Fendt Traktoren-Prospekte 1935 - 80, Brilon 1999

Erwin Neubauer, Das gelbe Schlepperbuch 1957/58, Limburg 1995

Klaus Ommerle/Martin Walchner, Faszination Oldtimer-Schlepper, Wangen 1998

Walter Sack, Alle Traktoren von Kramer, Köln o.J.

Walter Sack, Güldner Traktoren u. Motoren, Brilon 1998

Peter Schneider, Typenkompass Lanz-Bulldog, Stuttgart 1999

Peter Schneider, Typen-Kompass Fendt 1928 - 75, Stuttgart 2000

Peter Streiber, MAN-Prospekte 1922 - 63, Mammendorf 1997

Klaus Tietgens, Alle Traktoren von Hanomag, Köln 2000

Karel Vermoesen, Deutz-Prospekte 1927 - 67, Köln 1997

Karel Vermoesen/Michael Bruse, Alle Traktoren von Deutz Band 1, Köln 1996

Original-Prospektmaterial verschiedener Firmen

Zeitschrift „Historischer Kraftverkehr", diverse Ausgaben

Zeitschrift „Schlepper Post", diverse Ausgaben

Eigene Aufzeichnungen

Bernd Ertl
Die Deutz Traktoren
Vom MTH zum Agrotron
158 Seiten, zahlreiche s/w- und Farbabbildungen,
215 x 302 mm, gebunden
ISBN 3-89365-863-7
€ (D) 25,50 / DM 49,87 / CHF 44,40 / ATS 364,-

Matthias Röcke
Die Geschichte der MAN Nutzfahrzeuge
ca. 200 Seiten, ca. 350 zumeist farbige Abbildungen, 200 x 270 mm, gebunden
ISBN 3-89880-007-7
€ (D) 29,90 / DM 58,48 / CHF 52,- / ATS 427,-
(Erscheinungstermin: November 2001)

Eric C. Orlemann
Caterpillar Chronik
Die Geschichte der weltgrößten Abräummaschinen
168 Seiten, über 150 größtenteils farbige Abbildungen, 278 x 318 mm, gebunden mit Schutzumschlag
ISBN 3-89365-917-X
€ (D) 35,- / DM 68,45 / CHF 60,70 / ATS 500,-

Lars Döhmann & Jost Niemeier
Das neue große Unimog-Buch
ca. 200 Seiten, ca. 300 zumeist farbige Abbildungen, 245 x 290 mm, gebunden mit Schutzumschlag
ISBN 3-89880-004-0
ca. € (D) 39,90 / DM 78,04 / CHF 69,10 / ATS 570,-
(Erscheinungstermin: Oktober 2001)

Udo Paulitz
Klassische Traktoren 2002 - Kalender
12 Seiten im Vierfarb-Kunstdruck, mit erläuterndem Zusatzblatt im Querformat: 480 x 400 mm,
ISBN 3-89365-948-2
€ (D) 15,24 / DM 29,80 / CHF 27,40 / ATS 238,-